为数据而生

大数据创新实践

周涛◎著

BIG DATA
Innovation

北京联合出版公司
Beijing United Publishing Co.,Ltd.

献给我的父母，
他们的爱让我长大。
献给我的爱人，
她的爱让我永远不需要长大。

在麻瓜和魔法师之间作出选择

我在中科大读本科的时候，上过一门关于"符号计算"的课程。当时授课的老师跟我们说，她以前曾经花很多年的工夫学习和研究过"怎么样在以穿孔纸带为输入方式的计算机上高效实现一些数值计算"。当时她的研究水平和成果在国内应该是领先的，本以为就靠此成就大业了，但是很快，这个世界上突然就再也找不到博物馆以外的穿孔纸带了——我们现在都用键盘和鼠标了。

纸带机的故事让我想起了一个有些悲伤的段子，我且用第一人称复述一遍。我有一个表哥，因为盗窃被抓。表哥负责藏赃销赃，团伙其他人不知道赃物在哪里，他也死活不承认自己知道，结果被重判了 10 年监禁。坐牢之后老婆也跑了，亲戚朋友也散了，只有我还时不时去看望一下，带些东西。直到快出狱的时候，表哥才跟我说，等出狱了要带我一起发大财。我当时特别激动，经常在梦中被大富大贵的场景惊醒，也觉得自己真的是好心有好报。等表哥出狱的时候，我隆重地给他接风洗尘。表哥也迫不及待，当晚就买了两把大铁锹，拉着我去郊外一个林子里挖宝。"是金条？是银元？"我激动不已，表哥却笑而不答。我们大半夜挖出了两个大铁箱，然后用铁锹把生锈的锁头劈开，哇，满满两铁箱的传呼机。

讲这两个例子，是想说我们这个时代变化太快——**这个时代的特征就是有很多新时代层出不穷**。而咱们中国人，最最悲哀的事情，就是经常以为自己是时代的精英，最终却成了时代的弃儿。N 年以前最让人艳羡的一群人，不是大学生，而是国有企业的工人。他们或许没有想到有一天自己的"金饭碗"会被打破，贫病下岗。现在又有一大群人，削尖脑袋想挤进公务员或者事业单位人员的队伍，好一辈子守着公务员编制或者事业编制。对，就是这群扑火的人，会在未来编制改革的时候看清楚自己飞蛾的本体。

什么样的人才能在下一个时代生存和发展

那么，问题来了，什么样的人才能在下一个时代生存和发展呢？是那些拥有公务员编制或者事业编制的人吗？**在下一个时代，自动化、定量化和个性化会成为主要的特征**。恒河沙数的智能终端将会遍布这个世界——从农场到工业制造装置，从智能家居到人体内外。这些智能终端采集和产生的数据，经由数据挖掘和机器学习的手段加工分析，不仅能够提高传统农业、工业的效率，还能够为每一个人提供包括教育、零售、娱乐、金融和医疗等方面完全个性化的服务。驱动这个时代来临的关键力量是数据与数据化的思维。

拥有大数据的理念，能够掌握数据和运用数据的人，就是下一个时代的魔法师，反之，你就成了麻瓜！不管你今天从事的是什么行业，金融、医疗、教育甚至只是一个一线的产业工人或者服务人员，你所在的行业将来都很可能被颠覆，你现在的职业将来都可能变成一种自动化的服务。面对奇幻而又危险的未来世界，今天你就需要在麻瓜和魔法师之间作出选择！在一个麻瓜占绝大多数的世界里面，做一个麻瓜也没有什么不好的，然而很可能，未来的世界是一个魔法世界，你还满足于做一个麻瓜吗？

用数据说话，做最棒的魔法师

最棒的魔法师，是既深谙大数据的理念，又掌握着大数据的核心技术。但是，对于绝大部分人来说，后者是有困难的。我想特别强调的是，**即便你不能掌握一项特定的数据技术，了解大数据的理念，培养大数据的思维模式，也是非常重要的**——不管你从事什么工作，这种大数据的思维模式都是有帮助的。事实上，我一直觉得类似于统计学（包括概率论、数理统计、统计物理等）和机器学习的理念，对于我们理解这个世界都是有帮助的，应该有一些生动的科普书，把这些重要的理念用通俗的语言告诉大家。

数据化思维的核心是什么？就是定量化，或者说"用数据说话"。主观能动性当然是我们人类的重要能力，特别是行业专家的思路和判断往往非常重要，效果甚至好于机器学习的结果。但是，一切的评估都要定量化。举个例子来说，要证明一个营销行为 B 比营销行为 A 更好，必须要无偏地把用户划分成两个群，一个接受 A 一个接受 B，然后通过对比来验证两者的效果。政府做决策的时候，例如改变医保的规则，也需要充分的数据支撑，提前能够量化这个改变带来的效果，并且时时监督政策实施后的结果。学会用数据来说明"哪个更好哪个更坏"，是数据化思维的第一步。

作出让世界尊重的原始创新

当魔法师的另一个好处，就是我们可以进入魔法世界——这是一个浪漫的战争世界，我们必须变得更强，才能打倒伏地魔！

在我读大学的时候，我们的案头枕边，放着的是茨威格的《异端的权利》，是索尔仁尼琴的《古拉格群岛》，我们追忆和供奉几千年来为了人类进步付出甚至牺牲的科学家、哲学家、文学家、政治家，等等，我们能够非常清楚地说出哪些人是世界的脊梁。我们在字里行间追寻中国最苦难最黑暗的时代，羡慕在那个时代战斗的英雄，我们急切地希望这个时代能够让我们为民族的复兴战斗——尽管可能不是用刀枪！

我不知道我们这一代，是不是中国流淌着战斗血液的最后一代大学生。我们现在面对的是不一样的战场，不是刺刀机枪，而是要做让世界尊重的原始创新。我在这本书里面描写了很多在大数据领域努力拼搏希望有所创新的中国人，尽管他们中的绝大部分距离成功还非常遥远，但我希望他们的故事以及这些故事背后的理念、技术和精神，能够唤起更多的创新者。

有两个问题，我希望每一个读者都问问自己。**第一，在你的一生中，有没有可能作出类似于 SpaceX 和 AlphaGo 这样让世界尊重的原始创新**。人生特别美好的一件事情，就是通过努力，把一件看起来不可能的事情做成！这个问题可以换一个问法，就是如果有 10 个最聪明厉害的人，愿意 3~5 年竭尽全力为你工作，你会和他们一起做一件什么事情？**第二，你所做的事情，能够为我们的国家乃至整个世界，产生什么样的重大贡献。**建一个色情网站、开发一款暴力游戏，也能挣大钱，而且很快。致力于优化教育资源或医疗资源的配置，可能非常苦非常慢，挣钱也不如暴力游戏，但是可能改变甚至拯救一大群人。如果让我选择，我会选择后者。事实上，你所贡献的要比你所得到的更能体现你的价值！

有些了解我创业历史的人，掰着手指数我的企业和资产，几千万、几亿、几十亿……然后看着我千年不变的穿着，就认为我是一个艰苦朴素不懂得享乐的人，甚至笑话我是榆木脑袋。其实恰恰相反，我是一个非常了解生活品质，而且非常资深的吃货，也从来不觉得高级的享受是一种耻辱。我有很多非常喜欢吃的东西，而且往往都价格不菲：巴西松子、车厘子、山竹、哈根达斯朗姆酒味的冰淇淋……有的时候，我在超市里面或者路上看到这些东西，非常想吃非常想买，但是我都会问自己，我最近几天做了什么贡献，有什么成果，是否配得上去享受这些东西。绝大多数时候，我都忍住了。

序终于写完了，我去买山竹了，啦啦里啦啦。

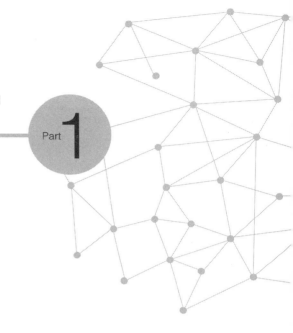

目录

大数据 1.0：分析

Part 2

Part **3**

大数据 2.0：外化

大数据 3.0：集成

你不是一个人在读书！

扫码进入湛庐"趋势与科技"读者群，

与小伙伴"同读共进"！

Big Da

忽如一夜春风来，千"数"万"数"梨花开。大数据这个概念突然之间席卷全球，势不可当！"荒林春雨足，新笋迸龙雏"。很多研究人员似乎感受到了春意的召唤，抖抖身子，"呼哧呼哧"就变成了大数据的专家。他们发表大数据的文章、撰写大数据的著作、提交大数据的报告、召开大数据的会议、申请大数据的项目，在一个本来纯粹而美好的概念身上喷涂了一夜暴富的泡沫。这种没有准备也没有判断的一拥而上，会使我们迷恋浅表的形式，而无法吮吸深刻的内容。新时代的宫门正缓缓开启，而我们中的大部分人，注定会一边山呼新时代万岁的口号，一边埋头冲进旁边的厕所。十年回首，先机已失，"山回路转不见君，雪上空留马行处"。本部分将教会大家分辨，何处是宫殿，何处是厕所。

Part 1

大数据时代，用数据说话

上帝创造了整数，所有其余的数都是人造的。

利奥波德·克罗内克，德国数学家和逻辑学家

01

从万物皆数到万事皆数

BIG

DATA

INNOVATION

Data　不管我们心中是否还带着对旧时代的眷恋和对新时代的惶恐，一个"一切都被记录，一切都被分析"的数据化时代的到来，是不可抗拒的。任何一个试图去阻止新时代到来的人，都会成为旧时代的关门人和关灯者。

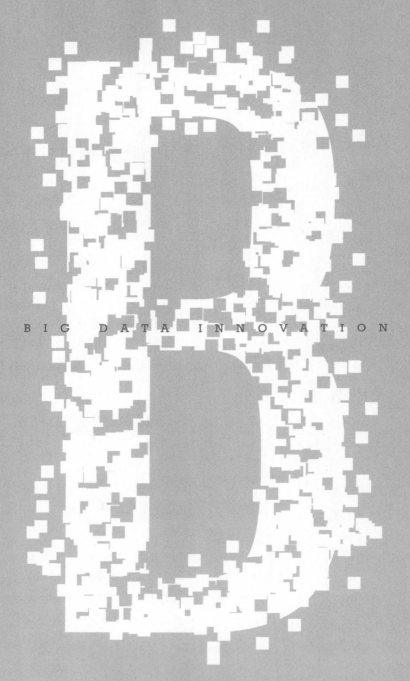

BIG DATA INNOVATION

四岁的时候，我搬到成都玉林小区无线电七厂的住宅区，一住就是二十多年，直到现在还时不时回去。住宅区旁边有一个花园，两千多平方米的面积，很小的一块绿地。不过，那时候还没有那么多麻将桌贴在它脸上，因此草木更葱郁，虫蚁也更繁忙。在街头电子游戏机还没有风行的时候，这湾小园承载了我童年大部分流连的身影。

在我算不上合群的童年生活中，有一件事情让身边的小伙伴们都惊呆了。花园里面种着一种树，似乎是柏树，但又有些不像。树只有四五米高，挂着一身一簇簇并在一起的叶子，到了冬天，大约一半还绿着，另外一半会失水变成深褐色。大概是小学三四年级的样子，那时候我每天中午都会从学校回来，在花园边上的"育苗食堂"吃午饭，然后回家午睡。有天中午刚吃过饭，不知道自己当时是怎么想的，我拿出一盒火柴去点那树的叶子。火借风势，如大鹏展翅，扶摇直上，也就十几秒钟的光景，把整棵树都点着了。四五米高的火焰跳跃在我面前，所有黄色的叶子都变成了火，而绿色的部分还依然绿着，只是"噼噼啪啪"失水呻吟。我不知道大江健三郎先生有没有亲历过类似的场面，我当时仰望这燃烧的绿树，俨然有一种宗教般的崇高与沉醉，现在想想，不过是渺小和畏惧的变体罢了。

在我的记忆中，点火烧树这件事情在我们小区广为流传，很长的一段时间里都让我风光不已。遗憾的是，我没有办法将彼时彼刻确切而生动的画面分享给我现在的朋友，更让我失望的是，最近和当年同一个院子里面长大的伙伴们说到此事，他们竟然已经完全没有印象了。至于亲长记忆中我的成长轶事：妈妈说我这辈子说的第一个词是"嘎嘎"，在四川话中是肉的意思，可见天生吃货；五舅妈说我小时候特别调皮，一溜烟跑过自由市场，要把所有豆腐摊子上面的豆腐都戳一个小洞，害得卖豆腐的远远看见我就要把豆腐盖上……这些有趣的故事，在我的记忆中是一点儿影子都没有了。

刚刚搬到玉林小区的时候，单位宿舍楼的外面就是一条小河，河对面是大片的农田。有时候，趁着爸爸妈妈不在，我们一群小屁孩儿取出藏好的"棍棒刀枪"，就到河对面去"远足探险"，往往因为带回来玉米、青蛙等成果，而被爸爸妈妈发现、教育。后来我们学聪明了，在河边整理了一小块空地，搬几块砖垒一个简单的灶，搞些树枝废纸点燃，把这些就地取材的东西加上从家里偷的土豆、红薯和各色调料，当场烧烤吃掉。现在想起来，其实爸爸妈妈应该是早就知道了，不然谁会经常到家里偷走土豆红薯，然后又一脸煤灰地回来。不说破，是因为不忍破坏我们的开心。

现在，我们的房子紧贴着一环路，算是城市中心的中心了。小河变成了马路，河对面的那块空地变成了交通银行一个很大的营业厅。好几次我和朋友路过此处，讲起以前童年的故事，都难以把营业厅里面取号等候的人群和"昨天"蹲在灶火边上等着红薯变熟的那群孩子联系在一起。有时候我自己都无法相信，今天这个被钢铁和金钱武装到了牙齿的伟大城市，曾经不过是绿水乡村柔软的延伸。

以前看法国作家帕特里克·莫迪亚诺（Patrick Modiano）的中篇小说《青春咖啡馆》，其中有一名外号叫"船长"的人，在一个红色塑料封皮的笔记本上，记录了三年来光顾孔岱咖啡馆的每一位客人进来时的确切日期和时刻，一共记满了190页。我一直以为这只是一种小说家的夸张手法，却不知道借助现代的技术，我身边的朋友做得比"船长"还要细致。

前几个月，我去拜访一个朋友，他家里有一个一岁四个月的小女孩儿，很可爱。在孩子房间的一角有一个很小的摄像头，视野覆盖了房间里大部分的空间，小孩子在这个房间里面绝大部分的活动都被这个摄像头记录下来了。朋友告诉我，这个摄像头一天记录的视频压缩存储，也就 2 GB 左右的数据量，他们把每天的视频做成一个文件，小孩子从出生到一岁的所有记录，用一个移动硬盘就能全部存储下来了。孩子的母亲兴冲冲地把硬盘接上电脑，给我看小孩子满百天的样子、第一次摇摇晃晃站起来的样子、"抓周"时候纠结犹豫的样子……

对于爸爸妈妈而言，这些记录无疑是有用的，在他们年轻的时候，不会错过小孩子成长中每一个重大的飞跃；当他们慢慢老去，孩子也离开自己身边出去闯荡的时候，他们随时可以重温曾经的快乐温馨。

对于孩子而言，我不知道拥有这种记录到底是幸运抑或不幸。幸运的是，他们永远都不会在记忆的泥沼中迷失，因为有"标准答案"可以随时查证。不幸的是，他们失去了在记忆中重塑自己过去的机会：童年变成数据，定格在硬盘中，既不可能变得更好，也不可能变得更坏！

我读《神雕侠侣》不下十遍，前前后后，自己心目中小龙女这个人物的相貌和性情变化很大，既有自身感情离合的原因，也有彼时彼刻不同心境的原因。后来看了热播的电视剧，再想起小龙女这个角色，脑海里一定出现李若彤的形象，想赶也赶不走。

所以说，记忆中的童年是缤纷梦幻的，数据中的童年是不容置疑的，前者属于自己，后者属于大家。不仅属于大家，还抢走了原来属于自己的！

主动或被动，我们都是数据贡献者

不管我们心中是否还带着对旧时代的眷恋和对新时代的惶恐，一个"一切都被记录，一切都被分析"的数据化时代的到来，是不可抗拒的。亲爱的朋友，如果你希望像纸版的《新闻周刊》一样，用血肉之躯抵挡互联网的巨轮，又或者学习张勋，重新蓄起辫子，向着过去狂奔，那我只能为你奏一曲挽歌。

人类是数据化舞台上当仁不让的绝对主角！

首先，我们自己主动贡献了大量的数据。

想想艾伯特-拉斯洛·巴拉巴西（Albert-László Barabási）[①]在他的著作《爆发》中介绍的三个例子：艺术家哈桑·伊拉希因为不满安全局对他的监视，干脆自己主动在网站 www.trackingtransience.net 上面记录了他所有到过地方的位置和数万张他所到之处的照片和场景；微软研究院的戈登·贝尔（Gordon Bell）十多年来一直随身携带一个能够自动拍下他眼前每个人照片的数码相机，以及一个能够随意捕捉身边大范围内的各种声响的录音机；麻省理工学院媒体实验室的德布·罗伊在家里安装了 11 个摄像头和 14 个麦克风，记录了数十万小时的音像资料。

看起来这些只是极端的个例，实际上，我们在主动贡献数据方面和他们没有多大的区别。我们去淘宝买东西、从网上下载各种软件和游戏、到医院刷卡看病、预订机票和火车票、在网络上发表博文、通过 QQ 聊天、去大众点评赞美成都火锅、去社区银行办理金融业务、到 ATM 机取款、向杂志投稿、给糗事百科写笑话、成为某会所的高级会员、到 4S 店维护汽车、在微信上摇朋友、去酒店开房入住……我们刷各种各样的卡、读取各种各样的证件、在线上写各种各样的东西、在线下填各种各样的

---

① 全球复杂网络研究权威，无尺度网络理论理论的创立者。其经典著作《爆发》《链接》已由湛庐文化策划，分别由中国人民大学出版社、浙江人民出版社出版。——编者注

表格，等等，都是一次次主动向不同的系统提供数据。

其次，在我们不知情或者意识不到的时候，很多数据已经被记录下来——我们也是数据被动的贡献者。

在浏览网页的时候，浏览器自身以及各种插件和 Cookie 都会记录你所访问过的网页以及你在这些网页上的点击。所以，当你打开自己儿子电脑的浏览器，发现推荐的网页都是色情的，千万不要投诉浏览器的开发团队。

在你搜索的时候，搜索引擎会记录你的搜索关键词以及在搜索结果中的点击行为，事实上像百度这样的企业，能够准确地判断出绝大多数电脑面前坐着的到底是男是女，也知道此人是资深屌丝还是高富帅。在你走路的时候，公安局的天网系统会记录下你的视频，如果你不相信的话，到火车站这类防盗抢的要地，贼眉鼠眼地来回走上一段时间，没准儿就有便衣来找你了。

在你打开手机之后——如果你用的是智能手机——你的位置和运动、安装和激活的应用、展示和点击的广告都会被记录下来；在你驱动汽车之后——如果你开的是一部好车——你的所有操作：油门、刹车、方向盘、离合器、挡位调整，等等，都会被主控电脑记录下来；在你打开电视之后——如果你用的是智能电视——你在遥控器上的所有操作以及你正在观看的电视节目都会被记录下来。

一切都被记录，一切都被分析

除了人类自身，动物、植物和大自然也为我们贡献了可观的数据。我们在很多动物身上装上便携式的定位器或传感器，记录它们迁徙、狩猎的运动轨迹和环境特征；我们利用外太空的巨型天文望远镜和地表观测站的望远镜阵列来记录宇宙中曾经发生和正在发生的事情；我们整合温度、湿度、颗粒物、特定化学成分的探测设备，记录空气的质量；我们在主要河道的两边建设大量监测点，实时记录水位、流量、流速和水质。

政府、企业、科研机构、环保团体等共同构筑了一个巨大的棱镜。这个棱镜的一方是万生纷沓的数据，另一方是被肢解后等待分析的各色数据。不仅万物自身在其中，它们的行为、变化和关联也被忠实地记录下来。数据采集从静态变为动态，从记物扩展到载事，数据量也指数级地爆炸增长。

中国的运营商每天要记录 50 亿通电话，一家大型连锁超市每天的消费记录达到 6 000 万条，百度每天要处理超过 10 亿次的访问请求，而 Facebook 一个月仅照片就会更新 10 亿张。根据 IBM 最近的估计，我们每天新产生的数据量达到 2.5×10^{18} 字节。这个数字有多大呢？如果一个汉字占据 2 个字节，把它写在一张纸上需要 1 平方厘米，那么我们每 3 秒产生的数据，若是打印出来，可以把钓鱼岛严严实实地覆盖 1 000 次。

四大方面，让数据指数级增长

在可以想见的不远的将来，数据量的爆炸性增长还将继续。这些增长的数据，在很大程度上有赖于四个方面的发展。

第一，通过愈来愈强基于智能终端的通信，个人行为的数据将被深度采集。其中既包括桌面电脑和智能手机这种已经普及的终端形态，还包括各种智能家电和智能汽车，以及未来可以从我们的手表、手机和眼镜中投射到玻璃上甚至空气中的全息互动屏幕。

第二，针对人体生理信号和生物信息的采集，将产生巨量的新增数据。未来的健康保障机构，将通过存储和分析个人的基因信息，为不同个体提供量身定做的个性化医疗方案。当你的某些器官，甚至大脑的某些特定区域出现不可逆转的病变时，通过 3D 全息技术，可以用人工培养甚至 3D 打印的器官完成移植手术，还可以通过脑机接口（brain-computer interface，BCI）[①]和微芯片的植入，激活甚至增强你的大脑中的某些功能。更可观的是，通过某些非干预的随身设备，包括项链、手环、眼镜、耳塞、戒指，等等，我们可以实时采集你的生理信号，包括心跳、血压、血糖等基本信号，以及睡眠状况、新陈代谢水平等综合指数，这些数据被传到云端的服务器，通过分析计算，实时监控和管理你的个人健康。

---

① 脑机接口时代即将到来！想了解更多有关"脑机接口"的未来，请关注巴西科学家米格尔·尼科莱利斯（Miguel A. Nicolelis）的经典著作《脑机穿越》，由湛庐文化策划，浙江人民出版社出版。——编者注

　　第三，通过无处不在的各种传感器，大自然中发生的点滴变化都会事无巨细地被翻译成数据。传感器的发展正在经历几十年前发生在电子计算机上的一幕——它们变得更加小巧，更加便宜，同时却更加精确，拥有更强大的通信能力。越来越多的传感器被投放到大自然中，监察江河湖泊中的氮磷含量、土地的盐碱化程度、空气中的可入肺颗粒物（PM2.5）的数量……除了对环境的常态分析之外，很多传感器还将服务于对自然灾害的预警，包括森林火灾、地震、火山爆发，等等。未来，以传感器为代表的小型设备所采集的数据，以及这些设备之间通信产生的数据，将成为新增数据的主要构成。

　　第四，大型的科学研究将产生巨量的数据。欧洲核子研究组织在瑞士日内瓦建设了人类历史上最大规模的粒子对撞机，它每秒能够产生40 TB 的实验数据，相当于 40 000 部高清电影。正是通过对这些数据的分析，我们找到了一篇在 50 年前并不起眼的论文，在这篇论文的最后，相当隐晦地提到了一个有质量且自旋为 0 的玻色子 [①]，从而，人类比历史上任何时期都更接近创造世界的神的本质。

　　数据化本身，或许还走在数据挖掘和分析之前，将成为未来十年极其可观的一个大产业方向。据互联网数据中心（Internet Data Center，IDC）预测，到 2020 年，全球

---

① Higgs 本人 1964 年的文章是 P. W. Higgs, Broken symmetries and the masses of gauge bosons. *Physical Review Letters 13* (1964) 508。几乎在同一时间，Englert 和 Brout 得到了几乎一样的结果，请参考 F. Englert, R. Brout, Broken symmetry and the mass of gauge vector mesons, *Physical Review Letters 13* (1964) 321。

将有 300 亿具有互联互通功能的智能终端，这些终端将成为更多数据的来源。仅这一项就将带来高达 8.9 万亿美元的收入预期。中国将在数据化产业中扮演关键角色，预计到 2030 年，一个中国的家庭平均会拥有 40~50 个智能传感器，这些传感器每年将产生 200 TB 的数据。

将来总会有一天，我们的大脑活动会被记录分析，我们的身体姿态和微表情也会被记录分析。

我们因为微微出汗而改变的皮肤湿度和导电能力会出卖我们内心的紧张，我们身体的微微颤动会出卖我们灵魂的悸动。如果需要，我们在表白之前就能够预测到被拒绝的概率，我们还能够自动知道我们的伴侣最需要的礼物——通过对他 / 她在各处留下的数据轨迹的深入分析。如果需要，我们可以建立一座直达天堂的巴别塔 ①，因为文化和文化、语言和语言之间都可以互相翻译。在一个由数据、计算和模型统治的世界里，文化多样性将丧失赖以存在的立足点。那个时候，我们或许不会再犯巨大的错误，因为错误的决定在出现之前就已经被数据和计算所否定。那个时候，我们或许也不会承受巨大的痛苦，因为我们与伴侣性格是否匹配、有多大的可能性能够白头偕老，都是可以计算并且排序的，所以我们在恋爱中遇到挫折、在婚姻中遭受背叛的可能性都会很低很低。

唯一幸运的是，我，以及看到这本书的每一位读者，在这一天到来之前，都已经去世了。

---

① 巴别塔，又称巴贝塔、巴比伦塔、通天塔。宗教传说中人类意图建造的通天高塔，出自《圣经·旧约·创世记》。——编者注

02

从十数九表到数态万千

BIG

DATA

INNOVATION

Data　从数据自身的发展变化来看，我们已经经历了从"十数九表"到"数态万千"的变化，但是绝大多数企业在数据分析和应用方面，还依然停留在利用传统分析软件处理表格数据的阶段。那么，一个大型企业或者教育机构，怎么培养能够适应非结构化数据分析处理需求的员工和学生呢？

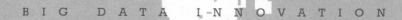

BIG DATA INNOVATION

正如我们之前看到的，数据总量爆炸式地增长，绝大部分的数据和运算已经不能仅凭"纸、笔和聪明的头脑"完成了，而需要我们动用计算机的力量了。人可能是最挑食的动物，计算机也一样会挑食，它最喜欢吃的数据，叫作结构化数据。

结构化数据

在一般意义上，结构化数据是指可以用一个二维表表示的数据。每个数据项在里面占据一行，例如在个人的特征属性表中，每个人占一行，这一行对应的特征可能是年龄、性别、职业类型、出生地点、居住地点……每一个特征对应一列，每一个特征的取值范围和存储所需的数据量都有清晰的界定。表 2-1 是一个二维表格，列出了我这几年看过的五本书的基本信息，是典型的结构化数据。

结构化数据背后的逻辑简单明了，不仅人容易理解，计算机也容易理解。一旦数据被整理成一张一张的表格，就有非常多成熟的数据挖掘和分析软件，可以自动化地从这些表格中获得洞见。

例如，利用表 2-1 的数据，我们可以探索什么因素和累计的销量关系最大：出版社、出版时间、图书类型、作者还是价格？有的时候，需要把多个因素组合起来分析，比如经济学的书卖得贵一点儿也没关系，但是小说最好便宜一些。把多个因素组合起来分析也并不困难，我们只需要多增加一些新特征列，包含这些组合项就可以了。对于计算机而言，这更不是什么困难的事情。有的时候，通过两两甚至三元、四元组合，我们从几十个基本特征出发，会得到数亿个特征项。虽然计算量增加了，但是计算背后的逻辑并没有变化。基于这些结构化数据的关联分析，当一本新书出版之后，我们还能够利用分析的模型对它未来的销量进行预测。

表 2-1　　　　　　　　　　结构化数据表示例

编号	书名	作者	出版社	出版时间	图书类型	图书价格	累计销量
1	信号与噪声	纳特·西尔弗	中信出版社	2013 年	经济预测学	69.00	?
2	星际穿越	基普·索恩	浙江人民出版社	2015 年	宇宙知识	84.90	?
3	爆发	艾伯特 - 拉斯洛巴拉巴西	中国人民大学出版社	2012 年	社会学	59.90	?
4	社会学：批判的导论	安东尼·吉登斯	上海译文出版社	2013 年	社会学	28.00	?
5	希格斯	吉姆·巴戈特	上海科技教育出版社	2013 年	粒子物理学	38.00	?

在进行预测的时候，我们也许会发现，结果不如我们期待的那么准确。因为这些简单的属性，以及属性之间的各种组合，还远远不足以刻画一本图书的质量和销量。吸引一个读者的因素很多，其中最重要的是书的内容，特别是简介、序言和书的开头部分，因为读者往往会阅读这些内容以判断是否购买。其他的因素还有很多，比如封面和封底的设计就很重要——简洁而有质感的封面往往能在第一时间打动我，"豆瓣"上面有价值的深度评论也很重要——我当然更愿意相信爱书者的评论而不是出版商的宣传。然而，这些明显具有很高价值的数据的引入，会给原本简单的"结构化数据处理方法"带来麻烦。

我们当然可以在这个表中新增加三列内容：

● 一列叫作封面设计
● 一列叫作正文文本
● 一列叫作读者评价

第一列存放一个图片文件，第二列存放一个文本文件，第三列存放若干个文本文件。但是，由于这三个新增列的内容既不是一个具体的数值，也不是在有限的分类中的一个确定的类别，我们原来的处理办法一下子"瘫痪"了。除非是通过某种办法，我们能够利用图片文件和文本文件得到对于图片质量、吸引力、与图书主题的匹配度、全文阅读流畅感、文笔水平、读者评价倾向性等指标定量化的估计，然后把这些估计得到的特征变成新的列，放入刚才的表格中进行关联分析和预测。

非结构化数据

这里提到的"某种方法",代表了大数据时代一种典型的技术挑战:**如何从形形色色的非结构化数据中,提取出有用的、可以量化或分类的信息**。提取出来的信息既可以转化为某种结构化大表中的若干特征项,也可以直接应用,后面我们会介绍很多这样的例子。

以前,这类技术没有受到像现在这样的重视,是因为在所有等待处理的数据中,结构化的数据占据了大半江山。但是几年前,非结构化数据的总量超过了结构化数据,2014 年新增数据中非结构化数据在总量上的占比超过了 80%,2015 年这个比例超过了 85%。与此同时,非结构化数据增长的速度是结构化数据增速的两倍以上,这就使得未来非结构化数据的占比还要增加。因此,在现在以及可以预期的将来,如何处理非结构化的数据一直会是大数据挖掘分析的中心问题之一。

之所以处理非结构化数据难度很大,是因为非结构化数据形态各异,没有办法找到统一的分析挖掘的方法。除了刚才的例子以外,还存在很多不同种类的非结构化数据,比如:

- 中国联通客户服务部收到的语音投诉记录
- 搜狗上的视频内容以及相关的搜索和点播记录
- 新浪微博的关注关系网络
- 顺丰快递的送货车辆记录下来的 GPS 行驶轨迹
- 科学网上的博文和评论记录

- 大亚湾实验室的中微子通量数据
- 公安部门多点采集的视频记录
- 医院 CT 设备扫描得到的医学影像

......

这些数据涵盖了文本、图片、音频、视频、时空序列、网络等不同形态。相应地，针对不同种类的非结构化数据，我们所希望通过这些数据得到的价值也各不相同：

- 中国联通希望知道用户投诉的焦点问题是什么，以及如何从声音中判断投诉者的情绪。
- 搜狗希望建立一个跨媒体的个性化的搜索和推荐系统，为用户提供更贴心的服务。
- 新浪希望找到不同领域中最有影响力的用户，并且顺便把僵尸粉和广告粉都剔除掉。
- 顺丰想探索有没有更好的办法能够优化出车任务的配置和相应的行车路线。
- 科学网想要了解目前学术界关注的焦点问题是什么。
- 大亚湾实验室希望深入了解中微子的基本特性，以求解决反物质消失之谜。
- 公安部门希望在海量的视频记录中查找特定的人物、车辆和器件。
- 医院希望得到对于肿瘤情况的准确诊断

......

不同形态的数据，不同的价值诉求，都要求不同的数据挖掘和分析方法。一方面，我们可以很幸运地坐下来观赏各种或惊鸿一现或大巧若拙的算法如雨后春笋一般嘟嘟嘟往外冒；另一方面，我们很遗憾，没有办法写出一本叫作《非结构化数据处理的方法论》的教材。尽管计算机处理问题背后的逻辑和方法有迹可寻，但我们不能要求一个能够从有烟雾遮挡和背景干扰的图片中识别主体的高手，快速学会如何从博客文本中挖掘博主的情绪、性格和心理特征。尽管从特征中挖掘关联、因果和进行预测的方法具有极大的共通性，但是我个人预计，从不同类别的数据中提炼出最有价值的特征，将变成越来越专门化的技术。就像二十一世纪不会有类似于戴维·希尔伯特（David Hilbert）[1]这样的数学通才一样，二十一世纪也不大可能存在精通各种不同形态数据处理方法的技术通才。

从数据自身的发展变化来看，我们已经经历了从"十数九表"到"数态万千"的变化，但是绝大多数企业在数据分析和应用方面，还依然停留在"利用传统分析软件处理表格数据"的阶段。

那么，一个大型企业或者教育机构，怎么培养能够适应非结构化数据分析处理需求的员工和学生呢？是不是因为不同数据的处理方法各不相同，我们在安排课程和培训的时候就只能抓狂了呢？是不是我们只能从最具体的需求出发，通过一些实践性的课程培养学生和员工呢？我不同意这种想法，因为过早地让学生接触非常细节的问题，容易让他们迷失。

---

[1] 戴维·希尔伯特（David Hilbert），德国著名数学家，被称为"数学界的无冕之王"，他是天才中的天才。他于 1900 年 8 月 8 日在巴黎第二届国际数学家大会上，提出了新世纪数学家应当努力解决的 23 个数学问题，被认为是 20 世纪数学的至高点，对这些问题的研究有力推动了 20 世纪数学的发展，在世界上产生了深远的影响。——编者注

数学教学体系又出来给我们上课了。尽管不同的数学分支已经渐行渐远，我们不会随便抓住一个理论或方法就交给学生学习。如果这样的话，很可能你会被导师要求学习望月新一的新方法①，那就恭喜了，十年时间你都难以入门！反过来，大学生一进来，我们让他们学习《微积分》和《线性代数》，因为这两门学科既最有代表性，也是将来应用最广泛的。进一步地，当我们要学习偏微分方程（在理论物理专业，这个课程叫作数学物理方程）的时候，我们既不奢望穷尽一切可能的偏微分方程，也不是一下子进入一个个互不关联的具体方程的求解技巧中，而是在介绍了一些基本的概念、方法和技巧之后，从我们最常遇到的方程类入手进行详细的分析，例如波动方程、热传导方程和拉普拉斯方程。

所以说，如果要给出明确的建议，我认为应该开一门"**非结构化数据挖掘**"的课程，**首先简单回顾和介绍数据库和机器学习的基本概念和方法**，然后选择六种类型的数据：**文本、图像、语音、网络、空间轨迹和时间序列**，这就像是波动方程、热传导方程和拉普拉斯方程一样，既是理解普适性理念的最好例子，也是最常遇到也最具应用前景的例子。

文本数据。我们能够容易获取的最丰富的非结构化数据，也是目前价值密度（单位数据量中能够挖掘出来的价值大小）最大的一种非结构化数据。通过对文本数据的分析，我们能够了解兴趣、评价、情绪、关联和趋势，等等。

---

① 望月新一是日本京都大学的数学教授，疑似比特币的创始人。他在"远阿贝尔几何"领域中作出过超卓贡献，2012 年宣称自己解决了数学史上最富传奇色彩的未解猜想：ABC 猜想。望月新一所使用的数学理论和数学方法被认为是最为艰难和最难以掌握的。

图像和语音。仅次于文本的常见的数据形态。目前，前者的分析方法和应用场景都比后者丰富，但是，最近语音的应用场景有爆发性的增长，因此，我认为语音分析的技术在未来会特别受欢迎。视频数据的分析技术从某种意义上讲是基于图像的，当然，视频分析中的部分技术，例如对特定对象的动态追踪、不损失有效内容的压缩和定位视频的主角，等等，都是仅靠图像分析不能完成的。由于这些技术可以看成是图像分析和若干技术的组合，所以没有单独强调视频分析。

网络。需要受到特别重视的一类数据结构，不仅仅电话通信关系、社会交际关系等可以通过网络表达，金融系统的"企业 - 企业"和"企业 - 个人"资金流、电子商务中的"用户 - 商品"浏览购买记录、物流系统的供销关系，甚至电视节目之间的竞争关系都可以甚至需要通过网络表示——可以这么说，哪里有关系，哪里就有网络。网络数据不仅仅要求例如 GraphLab①这样的高效率计算框架，更需要在图挖掘算法方面的创新和突破。

空间轨迹。利用车载或者手机 GPS，我们能够采集到越来越多交通工具和个人的空间轨迹，这些轨迹的分析，对于从基于位置的个性化服务到城市的区域布局和交通规划都有重要的作用。

时间序列。对时间序列的分析，从宏观上讲能够让我们预测到未来

---

① GraphLab 是一个功能强大的机器学习平台。它像 MapReduce 一样高度抽象，可以高效执行与机器学习相关的、具有稀疏的计算依赖特性的迭代性算法，并且保证计算过程中数据的高度一致性和高效的并行计算性能。——编者注

的发展趋势，察觉到可能的失稳甚至危机；从微观上讲能够从用户的活跃序列中分析用户的特征，设计更好的服务方案。时空数据有机融合后的深入挖掘分析会带来以前没有的巨大价值，而这方面的技术和人才储备基本是零[①]。

　　读者在本书后面无数的实际应用案例中会一次又一次看到这些数据的巨大价值。与此同时，我希望能够引起大家的思考和行动：怎么在中国培养出一批能够适应数据形态变化的数据挖掘和数据分析的人才？

---

① 就人类行为时间和空间特性的分析和应用，我曾和同事撰写过 60 页的长综述《人类行为时空特性的统计力学》，2013 年发表在《电子科技大学学报》上，可供参考。

03

从隔水相望到阡陌交通

BIG

DATA

INNOVATION

Data 以前的数据与数据，就像漂浮在大海上的一个个孤岛，隔水相望却没有途径互相到达。而现在，连接不同岛屿之间的通路开始建立，大海孤岛的图景正在向着平原上阡陌交通的不同村落快速过渡。

BIG DATA INNOVATION

大数据真正的精髓，还不是数据量的爆炸性增长和数据形态的多样性，而是数据与数据之间关联形式的变化。以前的数据与数据，就像漂浮在大海上的一个个孤岛，隔水相望却没有途径互相到达。而现在，一方面由于海岛自身面积的增大——得益于数据量的增加，另一方面由于海上交通工具的发明——得益于打通不同数据的技术和商业努力，连接不同岛屿之间的通路开始建立。大海孤岛的图景正在向着平原上阡陌交通的不同村落快速过渡。

地点数据

举个例子来说，"中关村云基地"是位于中关村软件广场上的一栋不高的办公楼。在北京的智慧城市建设项目中，我们能够找到关于这栋楼的文本描述；通过百度、高德、腾讯等地理信息数据接口，我们可以定位它的经纬度范围；通过北京市公安局公安交通管理局提供的地面磁感圈和摄像头的数据，我们能够知道有多少车辆通过了这栋楼、有多少车辆停在这里（车的主人极有可能是在这里办公），大部分车辆的车牌和车型通过摄像头数据都是可以识别的；通过顺丰、申通等快递公司的快递单，我们知道与这栋楼相关的物流情况；通过进出这栋楼的智能手机设备标识码及 GPS 数据，我们可以估计出在这栋楼里面工作的员工人数、他们大致的消费水平、他们在北京居住在哪些地方，等等；通过分析互联网招聘信息和招聘地址的经纬度范围，我们能够找到和这栋办公楼里的企业有关的招聘信息；通过对微博或签到等 APP 经纬度的分析，我们能够挖掘一些到过这栋楼并且签到的人……未来，Google 眼镜还会泄露出这栋楼里里外外的图片和文本信息，从而我们可以自动地用这些图片和文本在互联网上搜索到相关媒体和论坛对这里的报道或讨论。

个人数据

对于个人而言，我们能够得到的数据种类更多。

通过手机，我们可以获得一个用户的短信和通话关系，他每天移动的轨迹——从而我们知道他有哪些朋友、住在哪里、工作在哪里、喜欢去哪里；通过社交媒体，我们可以获得一个用户的在线好友，他感兴趣的社区信息，以及他分享、评论和发布的文本和图片——从而我们知道他的社会影响力、兴趣爱好、是不是一个善于沟通的人；通过电子商务网站的记录，我们可以获取一个用户浏览、收藏、购买的数据——从而我们知道他的购买偏好、价格偏好、消费水平；我们甚至还能够追踪到一个人浏览网页的记录、论坛发言的记录、订阅报刊杂志的记录、使用手机应用的记录……当这些记录的关联显露出来，让我们知道，最近经常浏览孕婴网站并且参加了好几个准妈妈社区的小尼的老公小玛所使用的手机设备号，我们就能够通过手机推送广告，给小玛发送孕妈妈保健品的优惠券，而不是无穷无尽的房地产广告。广告商因为更精准的广告而获得收益，用户也因为接收到有价值的信息而非纯垃圾广告提高体验！

当然，在这些价值中，如何保护用户自身隐私数据的安全，是一个非常要害的问题。这本书不打算深入探讨这个问题，我们将来或许会专门探讨大数据带来的安全、隐私和伦理的冲击与对策！

针对地点，我们往往通过名称和经纬度范围进行数据之间关联的挖掘和分析。针对个人的地点数据要稍微复杂一些，有时候需要利用手机上的设备号识别同一台手机在不同地方留下的数据轨迹；有时候需要用到个人电脑上植入的存储在用户本地终端上的数据（Cookie）；有的用户会在一些平台上分享自己在其他平台上的账号，例如在街旁的主页上列出自己的微博号，所以可以通过公开数据的爬取获得一些有价值的关联；百度、腾讯和 B-Share[①] 等企业提供了 Open ID[②] 的便利，让用户可以用一个 ID 管理多个平台的账号，这是天然的可以打通数据的渠道。

最近，微软亚洲研究院的一篇研究论文显示，相当一部分用户在不同平台中使用一些相同且非常个性化的昵称，这个昵称几乎不可能是偶然的重名[③]。比如我在科学网博客的账号是 pb00011127，而在新浪微博的账号是 super00011127，但凡包含 00011127 这个号码的，很有可能是和我相关的账号，因为这个号码比较独特。利用这种方法，可以通过公开爬取的昵称打通不同平台上的一部分数据。

没有什么普适化的方法能够一下子打通所有数据，所以，挖掘数据的关联和储备海量数据一样，也是一个由少而多逐步积累的过程。有趣的是，即便没有打通全部的数据，仅仅是一部分数据的打通也很有价值，它能够让我们了解经常上某某论坛的人有何种购物偏好，什么类型的社交关系对于什么类别的商品销售可以起到促进作用，等等。这些知识本身就可以应用到很多在线服务中，提高精确度。

---

① B-Share 是一款关于 web2.0 的社会化分享按钮工具，用户浏览网站内容的同时可以把自己所感兴趣的内容通过一系列社会化关系网络分享、推荐给自己的好友。——编者注

② Open ID 是一个以用户为中心的数字身份识别框架，它具有开放、分散性。——编者注

③ 重名的概率是可以计算的，重名概率越小，就说明这两个平台上的相同昵称来自同一个人的可能性越大。比如说在一个医院的病历上看到"周涛"这个名字，又在通缉犯名单上看到"周涛"这个名字，那么很大可能只是两个重名的人。但是如果这两个名字是"西门吹雪"，那么很可能就是一个人。相关的学术论文可以参考 J. Liu, F. Zhang, X. Song, Y. I. Song, C. Y. Lin, H. W. Hon, What's in a name?: an unsupervised approach to link users across communities, In Proceedings of the sixth ACM international conference on Web search and data mining (WSDM'2013), *ACM Press*, 2013, pp. 495-504.

刚才我讲的都是屌丝级别的打通手段，如果你足够富有，可以像阿里入股新浪、高德和多盟一样，直接通过资本运作的方式，把具有战略关联的数据方紧密结合起来——内部打通就太容易不过了。

数据与数据，1+1 远大于 2

与人和地点相似，针对一款游戏、一家中小企业、一个网站、一种产品，等等，都能够找到来自不同源头的数据，这些数据围绕一个个体关联起来，可以产生一加一远大于二的价值。进一步地，这些不同个体之间也能够产生关联，比如我们通过手机的 GPS 信号和签到信息，就能够知道哪些人去过哪些地方，从而把地点和人关联起来；通过销售记录能够知道哪些人购买过哪些产品，从而又把产品和人关联起来。这种不同个体之间的关联，以及针对同一个个体不同数据源之间的关联，将彻底改变以前我们熟悉的商业模式。

大数据创新实践 BIG DATA INNOVATION

用购买记录给用户画像

通过用户在电子商务网站和资讯媒体上浏览、收藏和购买的记录，我们能够知道一个用户的住家或者工作的地点（通过包裹的寄达地），从而能够评估他住家或工作地点的经济水平以及搬迁频繁程度（是否经常更换本人收包裹的地点），以及他的购买偏好和价格水平。通过这个用户在社交媒体的种种行为，我们能够估计他的社会影响力。这些信息可以成为银行在发放信用卡和批准个人信贷时的重要参考。刚才的社交媒体行为中如果有足够多的文本信息（原创博文、评论、回复，等等），还可以用来判断一个人有没有抑郁症倾向、是否喜欢合作和沟通、是一个"大愤青"还是"大奋青"，等等。利用一个人的手机和签到行为，可以判断一个人主要的地理活动区域。这些信息结合这个人的简历，可以很大程度上帮助人力资源部门在招聘的时候作出快速准确的决定。通过分析一个产品的客户以及在互联网上提到过该产品的所有可能感兴趣的用户（条件许可的情况下，还可以分析竞争产品的潜在用户），再结合手机和签到数据，就可以得到感兴趣用户的地理分布，从而指导更精准的地面广告投放；结合互联网网页浏览数据，就可以得到感兴趣用户主要登陆的网站，从而指导更精准的互联网广告投放；结合人口统计学数据，就可以得到感兴趣用户的画像，包括年龄、职业、性别，等等，从而指导更好的产品设计和市场策略……

如果有些读者足够无聊而又有足够多的数据，你们应该能够在互联网和微博上搜索到本书的出版商——湛庐文化最近几年举办的活动，然后利用百度地图的接口，你们就能知道这些地方的经纬度范围。如果你有了运营商或者移动互联网广告平台的数据（后者比较容易获得），就可以从数亿智能手机用户中挖掘出参加湛庐文化的活动特别特别多的几个人（显然，他们应该是湛庐文化的工作人员），然后你会发现这几个人的工作地点是在我开头提到的"中关村云基地"。这个时候，你就基本可以确定，湛庐文化的所在地是在"中关村云基地"。这个办法很笨，因为你百度一下就能知道这个信息，不过它描述了一种蜿蜒曲折获得更多信息的可能的道路，这条道路连接了很多坐落在各地的数据村落，它们已经不再是孤岛！

另外，如果你继续努力积累数据，进行分析，你会发现刚才我说的那些数据地理分布的模式发生了重要的变化，这实际上是因为湛庐文化已经搬到了一个新的地址。如果你是一个关心湛庐文化并且拥有无穷数据资源的人，你就可以比所有信息更新更快地发现这个变化。

上面的例子听起来似乎还只是设想，但是我想特别强调的是，这些都是完全可以实现的案例，而且已经实现了。本文的后面会以很多商业实践的详细案例，向大家展示一加一之后产生的可观甚至可怕的效果。

再大的数据集，再丰富的数据形态，如果以孤岛的形态存在，闭关自守，不和外面的世界沟通，那都不能叫作大数据！ 就好像在工业时代，一个闭关锁国的国家，例如慈禧统治下的中国，实在很难叫作一个"大国"，虽然它面积足够大，人口足够多。类似地，电信运营商、金融机构，等等，都掌握了大量有价值的数据，如果它们总是以数据隐私、安全等借口拒绝任何形式的数据开放共享（读读清政府的公文，你会发现，借口永远俯拾皆是）那么死守孤岛的后果就是既拖累大家，又葬送自己。在技术革命的巨轮下，一个巨头的死亡很可能比大家估计的还快，只要想象一下从黄花岗的第一枪到溥仪下诏退位，时间短得吓死你！反过来，一个小国家如果开放，在新时代崛起并建立统治地位，也未尝不可能。

总结起来，我认为大数据是基于多源异构、跨域关联的海量数据分析所产生的决策流程、商业模式、科学范式、教育理念、生活方式和观念形态上的颠覆性变化的总和。它绝不仅仅是某些特定技术和需求的变化，而是代表一种新的理念。在本书接下来的内容中，我将尽力展现大数据对于商业创新在理念和实践方面的革命性影响。未来若有机会，再给大家介绍大数据在科学、教育、决策、生活和思想等方面的影响。

加入"庐客汇"，
与爱读书的人相遇

扫码关注"庐客汇"，回复"为数据而生"，直达周涛教授精彩视频，了解更多有关大数据的创新与实践。

04

大数据驱动新工业革命

BIG

DATA

INNOVATION

Data 在以大数据和云计算为驱动力的一次可能的新工业革命中，大数据所影响的范围绝不仅限于信息产业以及与其紧密相关的产业，而是使所有的行业都面临巨变；大数据所带来的改变将是新生产力的巨大释放和从理念到实践颠覆性的变化。

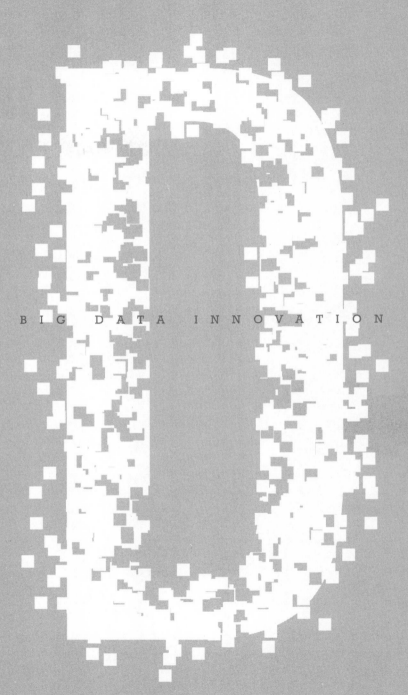

BIG DATA INNOVATION

很多学术界和工业界的同行都相信，大数据加上云计算将会带来信息产业革命的第三个高峰。信息产业的第一个高峰，是信息高速公路；第二个高峰，是互联网化。前者是由 Internet 的建设驱动的，后者是由 WWW 的应用驱动的。这两次产业变革都是从美国开始的，虽然也没有时间上明确的边界，但先后相差不到十年，而且到现在也不能说已经完成了——不过最激动人心的时刻可能已经过去了。在中国，这两次产业大变革基本上是在同期进行的，分别造就了移动、联通、电信这三大巨头和阿里、腾讯、百度这三大巨头。

对大数据前景更为乐观的一群粉丝（我也是其中一员）相信大数据和云计算将会驱动一次新的工业革命。也就是说，大数据所影响的范围绝不仅限于信息产业以及与其紧密相关的产业，而是使所有的行业都面临巨变；大数据所带来的改变也绝不仅限于快速增长，而是新生产力的巨大释放和从理念到实践颠覆性的变化。

表 4-1 比较了前两次工业革命和可能的第三次工业革命宏观的特征。尽管三次工业革命形态差别很大，但具有内在的共通性，就是都包含了新的能源、新的材料和先进的工艺技术。实际上，这些因素很大程度上也决定了一次变革是否会带来颠覆性的深远影响。**在以大数据和云计算为驱动力的一次可能的新工业革命中，计算、数据和证析将分别扮演新能源、新材料和先进工艺技术的角色。**

表 4-1 **对比三次工业革命**

	第一次工业革命	第二次工业革命	第三次工业革命
时间	18 世纪 60 年代至 19 世纪 40 年代	19 世纪 70 年代至 20 世纪初	21 世纪初至今
能源	蒸汽	电力	计算
材料	金属	化学	数据
工艺	机器制造	精密仪器	证析
特征	规模化	自动化	个性化

计算：第三次工业革命的新能源

你现在打开空调和电脑，今晚使用了 20 度电，智能电表会记录下你的用电量，等到月末的时候，这个费用会出现在你每月电费的账单上。你完全不需要关注这 20 度电，到底是来自于葛洲坝、大亚湾还是三峡，电作为一种能源，以一种对你而言并不透明的方式集中、分配和流动，然后以一种透明的方式向你收费。未来，不管是作为科学家、企业家还是普通消费者的你，都会时时刻刻使用计算能力。绝大部分的计算能力，不会来自于你膝头的笔记本电脑或者口袋里面的袖珍计算器，而是远在云端的计算资源提供商。正在分析实验数据的科学计算大型机、正在为你优化库存和物流方案的云计算中心、正在支持你的车载GPS进行"低碳路线计算"的某个内嵌了图挖掘架构的服务器……这些硬件设备都离你天远地远，你完全不需要真正知道这些计算资源到底是来自于上海超算中心、微软云、亚马逊、阿里云或是蒙古草原上某个远看起来像超大蒙古包的服务器群。与电力类似，计算资源将以某种对你而言并不透明的方式被整合起来，然后向你或者为你服务的厂商收费——当然，厂商承担的费用最终也会落在你的头上。你需要有电，才能开灯；同样地，需要有计算能力，才能打开一款游戏。**未来，计算能力会变得和电力类似，在很多生产、应用和创新的环节中，扮演能源的角色。**

如果我们认识到计算将在一次可能的产业大革命中扮演能源这么重要的角色，我们就需要仔细考虑"中国的能源布局"。

众所周知，服务器的硬件成本逐年下降，而运维的费用在整体成本中所占的比例越来越大。运维成本的来源非常多，简化一下主要有四个方面：

- 用于支持服务器运转以及保持合适的温度、湿度等环境因素所消耗的电力成本。
- 提供数据跨域输入和输出的带宽成本。
- 土木建设及场地的购买或租赁成本。

● 服务器管理维护的人力成本。

眼尖的读者一下子就发现了，中国西北部的广袤地区，天气干爽，不需要大功率的温度、湿度调节设备，而且部分地区在供电、土地、人力和带宽等方面都处于价格洼地，特别适合建设大规模甚至超大规模的数据存储与计算基地。通过这些基地的建设，我们可以使中国单位计算的成本低于发达国家的平均水平。当未来计算在整个国家经济技术发展中扮演的角色越来越重要的时候，中国就有机会成为石油时代的沙特阿拉伯。

对于地方而言，这类基地的建设带来的帮助也很大：

● 可以释放新的生产力，引入投资，带来新的工作机会。

● 可以帮助本地实现产业结构转型，通过基地本身以及带动作用，提高当地产业中高科技因素的比重。

● 可以吸引一些离开家乡到外地读书工作的科技人才回来建设家乡，降低整个国家在人才分布上的不均等性。

● 对于部分区域性电力产业比较发达的地区，这些大规模计算基地的运营，还能"吃掉"一些本地的富余电力。

总之，很多地方，因为气候干冷、土地贫瘠，难以养育高产量或高附加值的农作物，几千年来无法和"鱼米之乡"、"天府之国"抗衡，现在时代变了，干冷的土地特别适合"种植"计算服务器，其"附加值"非常可观！现在已经到了一个可以挥斥方遒，在中国版图上划界而治，用西北部成本可控的存储与计算资源，支撑东南部高价值商业应用，实现共赢共生的时机。

事实上，内蒙古自治区已经开展了"呼和浩特云计算产业基地"的建设，宁夏自治区则开始启动"宁夏中关村科技产业园及西部云基地"的建设，新疆自治区正在规划建设国家重要信息资源的战略性存储基地，贵州更是聚全省之力打造计算和数据的基地。我最近听说西藏也开始筹备建设大规模计算和数据中心。各位读者再关注一些曝光度很高的计划——例如北京祥云计划、上海云海计划、广州天云计划的同时，不妨把眼光多投注到原来经济技术发展相对落后的地区，在那些地方，有一群人正在"播种"中国未来十年、二十年数据产业的引擎。

数据：第三次工业革命的新材料

在大数据时代，数据本身将扮演原材料的角色。我们生产出数据产品，提供基于数据分析的服务，都是建立在"有数据可供加工"的基础之上。认识到数据作为原材料的重要地位，每一个企事业单位、高校及研究院所、政府机关都有责任和义务把具有重要价值的数据存储下来。

有一些数据我们已经充分认识到了它们的重要价值，但对于更多的数据，我们对于它们有没有价值、有多大价值、如何实现这些价值等问题，都还没有答案。**这时候，一种负责任的态度是在条件许可的情况下，用低廉的成本，将这些数据压缩存储下来，以待来者。**南宋著名诗人陆游在谈到大数据的时候，曾经说过"数"到用时方恨少，虽然只是一句玩笑，但古人的智慧对今人是一个很好的启示：**今天我们丢掉了一些看**

起来没什么用的数据，明天可能会因为缺失这些数据而丧失重要的机会。

大数据创新实践 BIG DATA INNOVATION

一张失败的公交卡

我在中科大有两位校友，谢幸和袁晶，在微软亚洲研究院做研究员，开展基于地理信息的数据挖掘、分析和预测研究。我 2013 年在微软亚洲研究院实习，正好跟着他们两位学习。

前不久他们做了一个很有趣的实验，是给北京市民免费发放了上万张公交卡，里面预存了 10 块钱。参与实验的市民可以免费使用这些公交卡，但当费用用光后，有义务交还给微软亚洲研究院。通过对这些公交卡刷卡记录的分析，研究人员可以绘制公交流量的全景图，定量化分析公交线路和班次设计的合理性，并提出基于数据挖掘的优化建议。实验过程很顺利，发出去的卡七七八八也收回来了大部分，但是打开数据的时候，我们发现，很多公交车的刷卡记录中完全没有正确记录该乘客上车的地点和下车的地点，有的各站之间的公里数都是明显错误的。尽管还有一部分有价值数据，但是这个数据整体的价值大打了一个折扣！采集和存储这些数据记录是不是在技术上特别困难呢？不是！

我的另外一位同事，石家庄铁道学院的闫小勇教授（闫小勇教授已于近期加盟北京交通大学，他也是电子科技大学的客座研究员），得到了石家庄市公交的乘客刷卡数据，其中每条线路的站名、站间距、乘客上车点、乘客下车点、刷卡时间，等等，都有非常完整准确的记录。除了抗污染能力外，石家庄这个城市在信息技术水平和从业人员技术能力方面，都和北京有明显的差距，为什么石家庄做得很好的事情，北京却做不到呢？因为北京公交车的费用和坐了几站，有多远没有什么关系，相关的工程技术人员只考虑收取费用的眼前需求，完全没有想过海量乘客在什么时间点，从哪个地方上了哪一路车，过了多长时间，到哪个站下车……这些数据对于北京交通情况的理解、建模和优化，有多么重要的价值！他们不是技术不行，而是理念不行；不是目光短浅，而是目光非常短浅！

简单总结起来，企事业单位、高校及研究院所、政府机关，等等，首先是要采集存储自己生产、经营、研究、管理过程中的数据，建立数据的战略储备；然后在数据安全和隐私风险可控的前提下，尽最大可能向社会开放数据。这种开放可以是免费的，也可以是收费的；可以是公益的，也可以是商业的。但是其根本的目的，是通过开放数据，充分调动有可能挖掘出数据价值的社会力量。

证析：第三次工业革命的先进工艺技术

钢铁木材这类原材料，你如果占有了，别人就没有了。但是数据不同，除了部分需要实时采集、实时处理、实时输出的流数据，很多静态数据也蕴含了大量的价值，而且具有天然的容易共享的性质。别人把你的数据拷贝过去了，你的也不见少。正是因为这个特性，刚才提到的向社会开放数据才具有特别的价值；也正是因为这个特性，加工数据这种材料的工艺要求特别高——原则上所有人都可以同时加工同一组数据，工艺上的区别或许就是唯一的区别。更强大高效的分析能力，或者直白一点，更聪明的头脑和更正确的理念，将在大数据时代大放异彩。

大数据实验室的创始人郑毅先生，曾经写过一本很有价值但是难读的书，名字叫《证析》①。这本书介绍了一种在欧美开始流行的基于海量真实数据进行实证分析并获取深刻洞见的高端工作职位——证析师。我们现在经常提到的数据科学家、数据工程师，多多少少有这么个意思。认识到证析师的重要地位，我们就需要思考：**什么样的教育制度能够培养出这些人才，以及什么样的政策和产业环境，能够积聚这些聪明的头脑，产生巨大的价值？**

个性化：大数据时代最显著的商业特征

大数据时代最显著的商业特征是个性化，即为每一个终端消费者提供专属性的产品和服务。以互联网为例，其发展趋势从"他们的"（门户网站、搜索），到了"我们的"（社交网络、用户生成内容），最终将到"自己的"（个性化应用）。如果有人问我"20 年后打开互联网，会看到什么"，我的答案是"你会看到你想看到的内容"——这就是个性化的目标。

我回国任教前，在沃顿商学院的一次会议上，认识了当时会议的中

---

① 这是国内作者撰写的最早也是价值最高的一本大数据专著，其中没有浮华，全部是大数据理念的精髓。

方主席，北京大学光华管理学院的苏萌教授。苏萌的一个观点让我当时印象非常深刻，他认为："商业的未来是个性化！实际上，从市场营销的角度看，市场细分是满足消费者不同需求的一种方法，而个性化是市场细分的极致，即把每一个消费者看成一个细分的市场，这也是营销的终极目标。"

在苏萌的介绍下，我认识了中科大少年班的师兄，国内率先进行个性化技术和商业实践的柏林森。后来，我们一起出版了《个性化：商业的未来》这本书。这本书虽然没有特别细致的分析，但是描绘了个性化技术在购物、内容、媒介和生活等重要方面扮演的越来越重要的角色，在那个年代，应该算是比较先进的商业理念。

最近，我在成都七中和中科大的双料师兄谢丹，通过中国的千人计划，从斯坦福大学回到四川。我和他以前同为中科大校辩论队的队员，在大学里面又同在一个系的实验室工作（中科大 23 系，电子工程系），关系很好。谢丹所在的斯坦福研究小组，是国际上最顶尖的通过基因测序和分析，挖掘基因与疾病之间关联的研究团队之一，每年都能够在《自然》《科学》《细胞》《基因研究》等期刊上发表一大把文章。在谢丹看来，个性化医疗对于学术界和工业界而言，都是未来医疗健康领域最具发展潜力的方向，因为我们通过对个人基因序列的分析，能够早期预测到此人可能罹患的高风险疾病，同时在患病的时候提供更好的个性化治疗方案。

大数据创新实践 BIG DATA INNOVATION

个性化医疗，安吉丽娜·朱莉与史蒂夫·乔布斯

好莱坞知名女星安吉丽娜·朱莉的母亲因患乳腺癌去世，通过基因检测技术，朱莉被发现携带了一种"错误的基因"——BRCA1，进一步的分析预测，她有 87% 的罹患乳腺癌的可能性。勇敢的朱莉进行了预防性乳腺切除手术（这是一个极端痛苦的过程，因为切除的不是乳房，而是把里面的乳腺剥离出来），从而避免了未来极高的患癌风险。

苹果公司的传奇创始人史蒂夫·乔布斯对自身所有 DNA 和肿瘤的 DNA 进行了测序，并设计了完全基于其自身基因特性的治疗过程，相对于同类型胰腺癌患者一般几个月的存活期而言，乔布斯的生命延长了八九年。

尽管现在这种预测和治疗都还价格不菲，但是随着测序和医疗技术的发展以及成本的下降，大规模的个性化医疗将有望实现。

不管是千人千面的个性化营销还是贴身定制的个性化医疗，其背后的引擎都是大数据的挖掘与分析。为了给一个用户提供商品的推荐，最多的时候我们需要分析数亿用户在数十亿商品中浏览、收藏和购买的记录，以及这些用户和商品的特征属性。而一台普通的基因测序仪，一周就可以产生几 TB 到上百 TB 的数据量，已经超过了很多科研团队和创业企业所能够处理的数据规模。想象一下"双十一购物节"上亿用户为阿里巴巴凌晨守夜的场景，再想象一下华大基因数百台基因测序仪同时

运转的场景，在光鲜商业的背后，是数据战场永不消散的硝烟。如果个性化只能针对少数人，就像我们刚才提到的朱莉和乔布斯，那还不能算作一种革命性的变化。随着数据采集、存储和分析技术的发展以及相应成本的降低，某一天"旧时朱乔堂前燕，飞入寻常百姓家"，个性化插上了规模化和自动化的翅膀，才算得上具备了成为时代烙印的资格。

综上所述，与提升国家竞争力及国民幸福程度密切相关的重大战略都与大数据的分析和利用息息相关，包括与国家安全和社会稳定相关的尖端武器制造与性能模拟实验、重大灾害的预警和应急管理；与国家科技能力相关的等离子及高能粒子实验分析、纳米材料及生物基因工程；与国民经济繁荣相关的经济金融态势感知与失稳预测、精准营销与智能物流仓储；与环境问题相关的全球气候及生态系统的分析、局部天气及空气质量预测；与医疗卫生相关的个性化健康监护及医疗方案、大规模流行病趋势预测和防控策略；与人民幸福生活相关的个性化保险理财方案、智能交通系统，等等。**大到一个政府，小到一个企业，都正在面对大数据带来的重大机遇和挑战。数据储备和数据分析能力将成为未来所有新型企业和新型国家最重要的核心战略能力。**

第一次工业革命，把英国和法国送到了世界舞台的中央。第二次工业革命，让美国成为了世界的最强国。我们这一代人，正幸运地站在中国近现代历史上最激动人心的强国征程的始发站。未来会怎样，我们不得而知，但我们应该相信，预测未来最好的办法就是去创造未来！

大数据就其创新形态而言，可以分为 1.0 版本、2.0 版本和 3.0 版本，勉强用一个词来总结，分别是分析、外化和集成。这种区分，并不是强调时间上的先后，或者逻辑上的依存关系，而是就其与传统数据应用在理念上的差异程度进行的划分。

分析是贯穿一切大数据创新实践的核心，甚至可以说是挖掘大数据价值的唯一工具。缺少分析的思路与方法，数据就只是成本而非价值。和传统商务智能的简单报表统计分析不同，大数据时代对分析要求更高，而且迄今为止，还没有广为接受的一套成熟的分析方法可以覆盖绝大部分价值产生点。一方面，大数据的分析需要敏锐的头脑，针对不同问题和不同数据形态设计定制化的分析方法；另一方面，大数据的分析也是有章可循的。首先，我们通过基本的统计，对数据产生宏观的认识，捕捉到一些异常数据点；接下来，通过关联分析，有望找到各种特征和我们所关心的结果之间的关系，如果运气足够好，我们能够从这些关联关系中提炼出一些可信的因果关系；利用这些关联或者因果关系，我们就可以建立预测模型，对未知的部分或未来的趋势进行预测；最后，上述的关联关系、因果关系和预测结果，都可以用来帮助我们进行决策，包括对产品设计的改进、可能风险的预警和未来发展的干预，等等。本部分将通过实例向读者展示大数据分析的理念。

2

大数据1.0：分析

分析显而易见的事情需要非凡的思想。

罗伯特·怀特黑德，鱼雷的发明者

05

统计呈现洞见

BIG

DATA

INNOVATION

数据统计分析能够通过异常检测避免损失、控制风险，完成这些好像是警察应该做的事情，进一步地，它还能够带给我们商业上的洞察。

BIG DATA INNOVATION

各位读者如果有兴趣记录一下自己的现金消费占总消费的比例，就会发现这个值每年都在降低。像我这种自己不开伙做饭，也不常逛自由市场的人，除去春节和婚庆红包的开销，有的时候一个月都用不掉 1 000 块钱现金。这一方面是穷困所致，另一方面也是因为大型超市、百货商场，乃至一般的餐饮和购物场所，很多都装备了 POS 机，因此只要手头有一张信用卡或者借记卡，即便没有现金，也完全可以在大城市保持正常生活。

抓出非法的 MCC 套用

商家使用 POS 机，并不是无偿的，要缴纳一定的费用。这个费用和收款额度的比例，叫作结算费率，针对不同行业区别很大。比如说"洗浴、按摩"和"歌舞厅、KTV"的费率是 1.25%；"百货商店"的费率要低一些，是 0.78% ；"报亭、报摊"更低，只有 0.38%。每一个 POS 机，都有一个编码，我们称作 MCC 码，这个码用来识别该 POS 机的行业分类，例如"洗浴、按摩"的 MCC 码是 7297，"百货商店"是 5311。这个费率的差异是比较可观的。一个商家如果每天有 10 万元的 POS 机收款，如果费率相差 0.5%，一年差额就接近 20 万元。

按照规定，商家在申请 POS 机的时候，其 POS 机的 MCC 码必须和其主营业务一致。但是刘震博士告诉我，并不是所有商家都那么守规矩，实际上，有一些商家通过一些灰色的关系申请到非主营业务的 MCC 码，或者干脆借用邻近店铺的 POS 机，又或者业务方向已经变更，但是 MCC 码却不做相应调整。这样挂羊头卖狗肉，明明是"洗浴、按摩"的业务，却使用"报亭、报摊"的 POS 机，每年都能从中赚取不少的非法利润。

刘震在获得了电子科技大学计算机专业博士学位之后，去了美国明尼苏达大学从事游戏大数据的研究，现在和国内某金融机构合作，负责一个 MCC 非法套用检测的项目——这个项目的宗旨就是利用大数据分析的办法，自动检测出非法 MCC 套用。如果统计每一个 POS 机每天的平均收入，就可以发现套用"报亭、报摊"这个 MCC 码的"洗浴、按摩"中心，因为一个报亭每天的 POS 机收款额相比"洗浴、按摩"中心的收入可以忽略不计。刘震告诉我，进行非法 MCC 套用的商家并不傻，他们会选择一些费率比较低、但是营业额类似的行业，比如说"洗浴、按摩"中心可以套用"百货商店"的 MCC 码，这样费率可以降低 0.47%。尽管每天的平均刷卡额度可以很接近，但如果观察商家 POS 机消费记录在一天 24 小时上的分布情况，很多 MCC 套用的行为就无所遁形了。图 5-1 是刘震向我展示的真实数据情况。

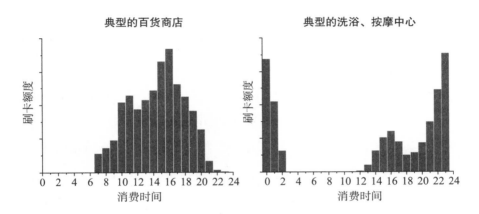

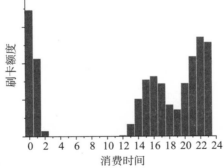

图 5-1　一家典型的百货商店，一家典型的洗浴、按摩中心和一家套用"百货商店"MCC 码的商家，平均在一天 24 个小时中的刷卡额度分布情况

左上图是一家典型的百货商店 POS 机消费记录的总体统计情况，其中对应消费时间为 10 的刷卡额度，是在一年内把每天 10~11 点的刷卡消费额度累积在一起得到的结果，其他结果类似。我们不需要知道纵坐标具体的数值，只需要关注消费额度在不同时间段的分布模式。左上图和我们的直观认识是相符合的，因为百货商店很少有早上 7 点以前或者晚上 10 点以后营业的，而且下午和傍晚是它们营业的高峰。和左上图类似，右上图是一家典型的洗浴、按摩中心消费额度在一天 24 小时中的分布情况，也和我们的直观认识相符合。这些娱乐场所有两个峰值，其中下午的小峰值主要来自于节假日，而主要的峰值是从晚上 10 点以后持续到第二天的凌晨 2 点，这正是大家娱乐活动的高峰时间！下边的图非常有趣，是一个真实商家 POS 机消费的记录，这个 POS 机的 MCC 码是 5311，也就是"百货商店"，但是我们一眼就可以看出来，这个商家不像一家百货商店，而很可能是一家洗浴、按摩中心或者歌舞厅、KTV 等娱乐场所，这些场所的费率都是 1.25%。刘震告诉我，通过线下调查，证明这个商家经营的是一家娱乐场所，是典型的非法 MCC 套用者。

从刚才的例子可以看出，只要抓住了主要矛盾，简单的统计分析就可以带给我们很有价值的洞见。当然，真正操作的时候，比我们所讲述的复杂得多，因为需要处理的 MCC 码很多，一个商家的消费记录在多大程度上可以算作明显偏离"最典型的分布"也是一个不平凡的统计学问题①。不过，无论如何，只要能使用计算机而不是人脑，就变成了一个相对简单的事情。实际上，一台普通的笔记本电脑，不到 1 分钟，就可以从几百万商家数年的 POS 机消费记录中自动把疑似 MCC 套用的商家名单、非法套用的可能性评估以及我们判断出来的商家真实主营业务代码给出来。

非法 MCC 套用的商家可能也很聪明，或者当他们读过这本书之后会变得更谨慎，那么他们就会选择费率较低，但是在消费额度时间分布方面比较相似的商家套用 MCC 码。但是，仅仅是分布整体相似也不一定能够逃脱大数据分析的法眼，因为很多经营业务在假日、特定节庆日、寒暑假和特别的天气状况下都会出现消费的高峰和低谷，要想模仿可不容易。比如说，所有的加油站（5541，5542）在公布的油价上涨日前，都会有一个消费高峰。当然，如果一个非法 MCC 套用的商家足够聪明，他们

扫码关注"庐客汇"，回复"为数据而生"，直达周涛教授精彩视频，看大数据如何玩转金融行业。

加入"庐客汇"，
与爱读书的人相遇

---

① 一种最简单的办法，是把同一个 MCC 码下面的商家的销售记录叠加到一起，得到一个 24 小时销售量的"标准分布"，然后计算待检测的目标商家 POS 机销售量分布到这个标准分布的距离。为了观察这个距离是否大到不正常的地步，我们可以以标准分布为抽样的依据（比如标准分布中，早上 9~10 点销售量占比为 11.11%，则每个样本点有 0.1111 的可能性落入早上 9~10 点这个区间），每次抽取 1 000 个样本点形成一个分布。我们比较 10 万个分布（共涉及 1 亿个样本点），如果待检测的目标商家与标准分布的距离比这 10 万个分布还要远，我们就认为该商家在 $p=10^{-5}$ 显著度下是异常的。当然，我们也可以直接计算这个商家在同一个 MCC 码下所有商家中距离标准分布的距离排序，看看是不是最远的一小撮商家。当然，这只是非常简化的情况，在真实分析的时候，还要考虑一个 MCC 码下商家可能有多种典型的分布形态，因此不能只使用一个标准分布，而要对分布先进行聚类，对于偏离每个聚类中心都大的分布进行检查。具体的细节就不展开叙述了。

也可以模仿这样的脉冲峰，但是这个成本非常高，因为一般的商家没有办法获取所套用的 MCC 码下大量商家的销售记录，因此他们也无法获知这些"脉冲"可能出现的位置。还有很多判别 MCC 套用的细节我没有写出来，否则这本书就成了非法 MCC 套用者的教材了。

实际上，对于各式各样的不良用户（包括非法 MCC 套用者、新浪上的僵尸粉、淘宝上的差评师……），大数据分析的方法一般都能够抓住它们中的大部分，但是不良用户也能发展出很多方法来伪装自己，所谓道高一尺、魔高一丈、道再高十丈、魔再高百丈……就是这个意思。**不可能奢望有一种方法能够抓住所有的不良用户，只要大数据分析能够让获取非法利益变得非常困难，也就起到作用了。**如果以后，魔和道都需要大数据作支撑，那大数据科学家就成仙成佛了，我们这些搞大数据教育的也自然鸡犬升天了。

打击"电老鼠"

简单统计对于检测海量样本中具有特异性的个体非常有力。我有一个朋友，叫刘臻，复旦大学物理系毕业后，"不务正业"地去了计算机和通信行业，是摩托罗拉中国最早的一批咨询师。N 年以前，那时候还完全没有"大数据"这个概念，他负责一个有趣的项目，要从广东省把所有的"电老鼠"挖出来。

电老鼠这个名字一听就不是什么好东西，现在已经不常见了，七八年前却非常猖獗。那个时候我们经常接到一个电话，响一两声就挂断了，等你打回去，就会被转到一个高额收费的号码，少则几元、几十元，多的一次上百元——业内叫拨打这种非法电话的人或设备为"电老鼠"。那个时候不像现在，大家对数据的价值都没有充分地认识，所以，采集通话数据实际上成了刘臻所负责项目的最大的成本。等到数据采集完毕，统计变得很简单，只要观察哪些号码频繁地"首次拨打陌生号码，并在接通 2 秒内挂断"即可。这种看似简单直观的统计，配合无线电管理部门的精准位置定位，在广东实践的效果基本上是一抓一个准，很大程度上降低了电老鼠的危害。

"抓获"过度医疗和骗保行为

现在很多患者都感觉看病困难，而且价格昂贵。这其中很大程度上是缘于医疗机构、医生本人和医疗器械以及药品提供商之间错综复杂的利益关系。医院为了创收和规避医疗风险，医生为了获取一些不正当的利益，都导致了过度治疗的倾向：重复进行昂贵、大范围的身体检查，开出价格高昂、超出需求的处方单，等等。这样一则给患者个人或国家医疗保险机构增加了经济负担，二则重复的检查和不必要的用药可能给患者身体上带来负担。更有甚者，患者和医疗一起合谋骗取医保费用，因此有了专业的看病团、住院团和昂贵药品的回收商。卫生部门正在大力推进医疗机构的全面信息化和医疗过程的全程记录，这些记录下来的真实诊疗数据有望推动解决过度医疗的问题。

我在电子科技大学的同事傅彦教授，正在负责一个基于电子病历的大数据挖掘项目。通过对近 2 亿份病历进行建模分析，傅彦告诉我，95% 以上的异常行为都可以通过数据挖掘的办法自动进行识别，比如一位男性被诊断患有子宫肌瘤；一位 42 岁的女性患者，五次诊疗记录中有三次都是儿童常见病；一些患者所开的药物和所患疾病之间关联极弱；一些医生用药的价格远远超过类似病患的平均价格……这些都可能是患者或者医生骗取保险、骗取额外药物、获取药物回扣等不正当行为的数据表现。傅彦说，这种通过数据分析非常容易发现的简单的异常行为，在病历中已经占有可观的比例。

进一步地，傅彦还分析了针对同一病种，不同医院在药物、治疗方案和检验检测手段上的使用频度分布，以观察异常性。举个例子，如果对于所有浅表性胃炎患者，行业平均使用 A 药的比例是 0.49%，而某医院的用药比例达到 17.61%，那就是明显的异常。通过一系列分析，可以得到不同等级的医院收费高低和过度医疗倾向性的一个排名。傅彦告诉我，更进一步地分析，甚至可以自动"抓获"一些具有特别明显过度医疗倾向的医生。现在，傅彦建设了一个包含 470 多万条规则的循证医学专家库，使大部分违规和骗保行为都可以在毫秒量级的时间内被自动甄别出来。

张岩龙和邱航进一步发展了傅彦的研究成果。他们对城镇医疗保险和农村新农合数据进行了分析，通过异常检测手段，以及过去人力资源和社会保障部门积累下来的骗保记录，找到了一批有过骗保历史或者高度疑似骗保行为的医生和患者。由于骗保是一个黑色产业链，张岩龙和邱航假设存在一群专业的骗保患者和骗保医生，表现在数据上，就是一个患者如果经常去高度疑似骗保医生那里去看病，或者一个医生经常诊治高度疑似骗保患者，那么他们"骗保的可能性"也会提高[①]。通过这种社交网络分析，张岩龙和邱航能够识别出很多以前的传统办法无法识别的骗保者。张岩龙和邱航已经服务了自贡、南充等近十个地市数千万新农合用户，其中新识别的违规或骗保金额占比为 3%~6%，也就是说每一个亿的新农合报销中，有 300 万以上都是违规甚至欺诈。

　　遗憾的是，由于多方利益博弈和各种各样细节的原因，这些相关的计算方法和计算结果还无法完全公布，至于用这个来约束医生并为患者谋取福利，就更远了。但是傅彦相信，随着信息化和透明化的进一步推进，以及大数据分析手段的运用，医疗机构和医生通过非正常手段牟取利益将变得愈加困难。"当医生明白这些自以为高明的背后勾当将留下永远无法抹去的数据痕迹，我想他们或许会更加收敛一些。"傅彦说。张岩龙和邱航更为乐观，因为他们的成果已经在医保部门和新农合开展了成功的应用。"针对一个很小的县级城市，我们一年都能够为医保部门节省数百万经费。"张岩龙说："未来，如果我们能够获得医院内部的数据，

---

① 这实际上是一个迭代寻优（iterative refinement）的过程，因为医生的可信度取决于患者的可信度，而患者的可信度又取决于医生的可信度。张岩龙和邱航算法的基本框架与康奈尔大学的克林伯格（Jon Kleinberg）教授提出的著名的 HITS 算法类似，读者可以参考文献 J. M. Kleinberg, Authoritative sources in a hyperlinked environment, *Journal of the ACM* 46 (1999) 604-632。

例如药品的进销存数据，那么很多骗保的手段，例如把药高价卖给病人后立刻低价回收 ①，都无所遁形，因为进销存数据对不上啊——卖出去的药比从药厂进的药还多了。"

真正要解决医疗中的乱象，优化配置有限的医疗资源，需要用大数据的手段把每一个医疗的元素都实时定量地管理起来，包括对每一盒药品针剂、每一台医疗设备，它们的进销存情况和运转使用情况，都需要在线实时记录。阿里巴巴集团曾经提到过要给每一件零售的药品，一个唯一的标识码，这样一方面可以让消费者可以实现药品溯源，识别假冒伪劣药品，另一方面可以杜绝通过骗保获得一些高价药品，然后回收转卖又回到医院和药房的违规行为，因为同一盒药在系统中不能被售卖多次。我认为这是一个非常了不起的想法，遗憾的是，由于阿里巴巴是一家民营且外资占比较大的企业，不一定适合来牵头做这件事情，所以好像这个事情也没有推进下去。**无论如何，我都觉得国家应尽快推进对药品甚至耗材使用的一体化数据管理。**

我有一位叫马骁的朋友，自己创业做了一家名为"医修宝"的公司，用微信平台帮助医院便利地管理所有的医疗设备。短短几个月，平台上就管理了近 10 万台设备，每天都有数不清的报修。因为这个平台记录了设备的使用情况和故障情况，将来会成为医疗设备的一个全国性的大数据平台，从而让我们知道哪些医疗设备生产和维修厂商最值得信赖，

---

① 病人买药的钱由医保支付，所以价格高也不在乎。卖药的钱是自己获得，所以价格低一点也有收益。

哪些医疗设备存在严重的资源浪费，哪些医院的医疗设备真实使用情况和医院信息系统的记录严重不符，等等。**这些洞见能够帮助我们对极其有限的医疗资源进行优化配置，并且让医保欺诈的难度和风险都大大提升。**

在一些更复杂的环境中挖掘异常个体，往往需要更复杂的方法。例如，淘宝识别信用欺诈用户和差评师的规则多达数百条，另外还有不能称作规则的数百万计的特征被用于机器学习的模型中。在进行垃圾短信和垃圾邮件过滤时，不仅要考虑短信、邮件的文本特征和各种变异的关键词，例如"发 # 票"，还要考虑发送者和接收者各自的局部网络的结构特征，等等。

识别社交网络中的垃圾用户

最近，一个由中国民航大学、清华大学、北京邮电大学和中央民族大学组成的联合小组，利用 17 个主特征，检测新浪微博中的垃圾用户，这些特征包括：关注度、粉丝数、互粉数、关注粉丝比、关注互粉比、用户名复杂度、微博数、月均微博数、时间间隔、转发比、URL 链接比、微博评论比、原创微博评论比、微博平均长度、文本余弦相似度、文本模相似度、词语共享率。所以啊，驱魔人的武器越来越先进了，要作假也越来越难了。

即便环境更复杂，坏蛋们更狡猾，只要抓住了主要矛盾，简单的统计分析依然可以起到很好的结果，例如南加州大学的研究人员分析了

Twitter 上的垃圾用户，指出只要设定两个简单的衡量条件，那么，有超过 80% 的垃圾用户都将被有效识别。

- 在 10 秒之内连续发送过两条微博
- 存在连续两条微博文本相似度超过 60% 的情况

当然，这样的标准肯定会误伤很多好人。比如，我的微博就很不活跃，而且基本每次都有 URL 链接，因此登录的时候经常被提示是"疑似僵尸"用户。我的账号是 super00011127，这个账号像机器粉丝吗？其实机器粉丝不会起这样的名字，它们的名字非常人格化，类似于"喜欢穿正装的大叔"等，看起来极像真人。最最聪明的机器粉丝不是一般算法能够检测到的，比如清华大学的唐杰博士，自己设计了具有高度智能的机器账号，现在已经吸引了很多真人粉丝。

新浪微博面临的三大问题

在线社交网络是一个缤纷的领域，各路英雄好汉粉墨登场，各领风骚三五年。当然 MSN 如日中天的时候，谁也不会预料到它会快速溃败，而 Facebook、Twitter 这样的后起之秀，一两年前才经历了巨大的辉煌，现在就已经露出疲态。也许是因为社交渠道太多，在线的平台对很多用户而言只是一种正常工作、生活之外的游戏化补充，而任何游戏的生命周期都是很有限的。可能历史给予人人网和新浪微博的时间也只有那么短短的三五年，只是它们还没来得及挣钱就已经老迈了，很遗憾！

新浪微博力图打造一个社会化媒体的平台，实现信息的快速共享，搭建名人、行业领袖和普通用户之间的互动桥梁。尽管任何一家互联网企业都很难摆脱历史赋予的起落使命，但是分析新浪微博快速衰败（最近又有些起色了）的缘由，除了微信的冲击外，还有很多自身的原因。

实际上，新浪微博想做的三件事情都没有实现。

首先，新浪微博中信息的过载非常严重。这种过载表现为两个方面，一是大量关注对象的信息扑面而来，其中用户自己感兴趣的信息占比很小；二是信息之间的重复度很严重，很多原创内容修修改改，加个无关痛痒的评论，又被转发回来。尽管新浪微博也采用了一些简单的规则过滤和排序信息，但是没有真正解决"如何把用户最希望看到的信息，即综合了及时性、内容相关性、社交附加值等因素的信息推送到用户面前"这个典型的大数据挖掘问题。

其次，名人的号召力和活跃性都在持续下降。一个人崇拜偶像的原因很多，有的人喜欢卡尔·弗里德里希·高斯（Johann Karl Friedrich Gauss）[①]的深邃，有的人喜欢莱昂哈德·欧拉（Leonhard Euler）[②]的广袤。但是很多普通人崇拜偶像的原因很简单："她笑起来真迷人""我喜欢她歌声中独特的鼻音""哇塞，你看那胸，哎哟"……胸大可以保持 20 年不变，但你能够每天都说一两条原创的、有思想的段子吗？即便是大企

[①] 高斯是德国著名数学家、物理学家、天文学家、大地测量学家，是近代数学奠基者之一，被认为是历史上最重要的数学家之一，并享有"数学王子"之称。——编者注

[②] 欧拉是瑞士数学家、自然科学家、物理学家，18 世纪数学界最杰出的人物之一，他把整个数学推至物理的领域。——编者注

业家、大思想家、大科学家，一年、两年、三年这样说下去，总有一天会把自己原创的思想说完——维护一个发布思想的平台实在太难，硅胶也没法让思想丰满！

最后，新浪微博始终没有形成一个社会的雏形。因为社会里面不仅有人以及人与人的关系，还有道德、伦理、法律、行为规范等制约我们行动的法则。社会要形成关于"好"和"坏"的判断，奖励好人并惩处坏人。很早以前，海银资本的创始合伙人王煜全[①]曾经向新浪微博建议计算用户发布信息的原创力、价值度、可信度等指标，并在用户许可的情况下显示这些指标的值。由于社会压力的存在，相应值很低的用户或者不愿意显示这些指标的用户，影响力会下降。如果新浪微博的评分体系足够好，就能够真正帮助建立"互联网上的伦理道德系统"，让真实、有价值的信息和讨论得以传播，让谣言和谩骂逐渐消失。尽管这不一定是最佳和最终的解决方案，但是，我认为王煜全的想法是很有创意也很有价值的，可惜没有得到实施的机会。

综合考虑这三个问题，除了名人互动的积极性和内容的内禀价值难以把控外，其他两个问题，在原则上都可以通过大数据的理念和技术得以解决。

[①] 王煜全，互联网趋势专家、海银资本创始合伙人、弗若斯特沙利文咨询公司（Frost Sullivan）中国区首席顾问。其最新著作《全球风口：积木式创新与中国新机遇》已由湛庐文化策划，浙江人民出版社出版。——编者注

快递员的通话记录蕴藏哪些商机

刚才扯远了，现在回到正题。我们笔下的数据统计分析，好像都是在做警察做的事情——抓坏人！实际上，统计分析除了能够通过异常检测避免损失、控制风险，还能够带给我们商业上的洞察力。

我在中科大有一个师兄，叫郑毅，是一个极有趣且极有品位的人。他嗜书如命、嗜友如命。我去过他在中科院青年公寓的家，不大的房间里面满满当当放了四五个大书柜的书，不像家，倒像是学院资料室或者小型图书馆。他朋友遍天下，除了像我这样的资深屌丝外，既有利济众生的西藏活佛，又有从天而降的异装飞行师；既有驰骋商界的企业家，又有沉溺书阁的学者。郑毅是《证析》的作者，也是北京一家名为"大数据实验室"的股权基金的创始合伙人，目前正在从事大数据产业孵化投资。数据堂（北京）科技股份有限公司、华院数据技术（上海）有限公司、成都数联寻英科技有限公司等大数据知名企业，都是郑毅早期投资的。

最近，郑毅和某运营商合作，对该运营商在北京所有用户的电话呼叫行为数据进行了分析。通过对呼入、呼出频数的分析，郑毅很快找出了北京从事快递行业的人员号码。这些号码并不会和外卖人员或者服务机构的号码混淆，因为快递从业人员打出的电话非常多，但是接到的电话相对较少，而外卖人员和服务机构会接到很多电话。实际上，通过和轨迹数据结合起来分析，我们几乎可以找到所有快递人员。找到这些人有什么用呢？通过他们的通话记录，郑毅可以找到一个城市里面几乎所有有网络购物行为的消费者的电话，并且知道他们购买的频率，同时还找到了一个很好的渠道（虽然有些风险）来推广可能的电子商务产品。不仅如此，通过通话记录的统计分析，郑毅可以知道一个号码背后的主人有没有买车、是哪家银行的客户——如果你没有买车，为什么给4S店或者维修厂家打电话？如果你不是工商银行的客户，为什么会打95588，并经常收到工商银行的短信？当然，请大家放心，郑毅所分析的数据是经过严格加密的，他得到的那些购物狂的"号码"本质上只是经过加密后一串很长的乱码，所以如果你经常受到短信、电话广告的骚扰，别去找郑毅麻烦——不是他干的。

付费节目点播最多的是什么

我有一个已经毕业了的研究生，叫李渭民，在北京百分点信息科技有限公司（以下简称百分点科技）实习过一年多。实习期间，他负责与南京一家电视机顶盒厂商合作，为其提供及优化电视节目的个性化推荐算法。李渭民分析了151万用户针对21万电视节目，在2013年两个月内共计7.4亿条观看记录，在此基础上设计了优异的算法。算法的细节这里不讨论了，我们来看看一个副产品。在刚才的所有数据中，有一个虽然很小，但是商家特别看重的子集，就是付费用户。付费的电影单片和电视剧并不多，在上面的数据集中，只有640个节目被购买了至少一次，有过付费记录的用户一共有 177 082 位，包括 628 719 条付费记录。李渭民对这个"小数据集"进行了简单的统计分析，按照付费金额排出了前 11 名电视节目，它们的销售额都超过了 50 000 人民币。

如表 5-1 所示，在销售金额排名前 11 位的受欢迎节目中，有 8 个都是动画片类型的节目，而且这 8 部动画片的销售金额达到了所有付费节目总销售金额的 31.86%。在付费用户中，无论从销售次数还是销售金额的角度看，主要客户群体都是有小孩子的家庭。有可能是小孩子在点播电视节目的时候，不会注意到是否付费，也不关注这个问题；还有可能爸爸妈妈不忍心因为两三块钱而拒绝小孩子的请求。为什么动画片在付费节目点播中占据绝对主导地位，并不是我们关心的重点。但是这个现象，被我们用来帮助另外一家企业，在它的推荐模块中，我们不管计算出来的推荐结果是什么，都强行保证至少有一个是付费的动画片——如果算法建议展示的推荐中已经包含了付费动画片，我们就不用修正；如果没有包含，我们就把算法打分最高的付费动画片强行展示出来。这个简单修改带来的收益高过了很多复杂的算法优化。

表 5-1   **销售金额前 11 名的节目信息** [①]

排名	节目名称	销售金额	销售金额占比
1	我爱灰太狼	255 556	8.09%
2	赛尔号大电影 2：雷伊与迈尔斯	177 006	5.60%
3	喜羊羊与灰太狼之兔年顶呱呱	176 150	5.58%

---

① 这是 2013 年的流行节目，现在可能已经过气了。

续前表

排名	节目名称	销售金额	销售金额占比
4	人再囧途之泰囧	129 096	4.09%
5	喜羊羊与灰太狼之虎虎生威	119 540	3.78%
6	猪猪侠之囧囧危机	96 036	3.04%
7	箭在弦上	77 472	2.45%
8	蓝精灵 [国]	69 710	2.21%
9	101 次求婚	61 944	1.96%
10	波鲁鲁冰雪大冒险	59 297	1.88%
11	秘鲁大冒险 [英]	52 986	1.68%

06

关联蕴含价值

BIG

DATA

INNOVATION

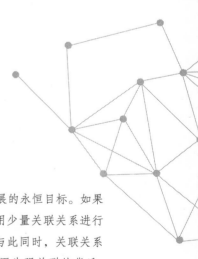

Data 　寻找因果关系是人类科学发展的永恒目标。如果没有明确的因果关系，仅仅是利用少量关联关系进行预测，其结果是非常不可信的。与此同时，关联关系又是我们寻找因果关系的利器，因为强关联的背后，有可能存在着因果关系。

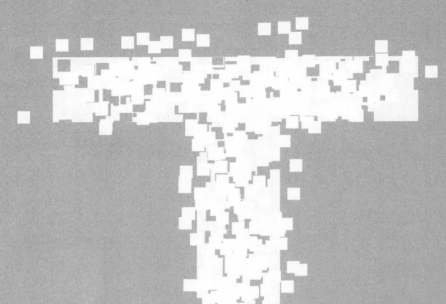

BIG DATA INNOVATION

我想，绝大多数读者都会认同关联中蕴含着巨大的价值。最典型的例子就是零售业中消费者购买商品出现的关联。一个耳熟能详的传说[①]，就是"啤酒 - 尿布"的关联：沃尔玛通过对原始交易数据的分析，发现跟尿布一起购买最多的商品竟然是啤酒！调查显示，美国的太太们常叮嘱她们的丈夫在下班后为小孩购买尿布，而丈夫们在买尿布后又随手带回了他们喜欢的啤酒。对于隐藏在啤酒和尿布这类表面上风马牛不相及的商品背后的关联，如果不通过大数据挖掘的技术，是没有办法靠拍脑袋就想出来的。

---

① 我没有找到原始文献，所以暂且称作传说。吴甘沙在一次题为"漫谈大数据的思想形成与价值维度"的报告中透露，这个案例是天睿（Teradata）公司一位经理编出来的故事，历史上并没有发生过。此处只是将其作为一个例子来介绍数据关联的价值，并不确保其真实性。

关联规则挖掘

从数据记录中找到关联的最简单的办法叫作**"关联规则挖掘"**,其根本目的是寻找商品销售记录中的相关性,从而更好地指导销售策略的制订。一个典型的规则是:"43% 购买了雀巢速溶咖啡的顾客都会购买雀巢咖啡伴侣"。基于这个规则,在实体超市中,应当把这两种产品放到相近的地方;而在网上超市中,如果顾客购买了雀巢速溶咖啡却没有购买咖啡伴侣,则可以在关联商品栏目中添加相应的推荐。一般而言,我们可以用所谓的"支持 - 置信"分析来判断一个关联规则是否有效。还是以消费者在超市购买商品为例,如果把每一个消费者的一次购买行为看作一个事件,那么,考虑从商品 X 到商品 Y 的关联规则,支持度是指在所有事件中同时购买商品 X 和商品 Y 的比例,置信度则是在所有购买了商品 X 的事件中也购买商品 Y 的比例。如果支持度和置信度都超过了相应的阈值,则从商品 X 到商品 Y 的规则被认为是有效的。

表 6-1 给出了一个示例,如果把支持度和置信度的阈值分别设为50% 和 60%,则从购买商品 A 到购买商品 B 的规则是有效的(支持度为 60%,置信度为 75%),而从购买商品 C 到购买商品 D 的规则是无效的(支持度 40%,置信度 100%)。对于一个销售量非常大的电子商务企业或者实体超市,支持度往往是千分之一甚至万分之一这样的数量级,在难以选择合适的置信度阈值的时候,可以按照置信度从高到低的优先顺序进行商品推荐。

表 6-1   消费者购买记录示例

消费者 / 商品	A	B	C	D	E
1	√	√	×	×	×
2	√	×	√	√	×
3	×	√	×	×	√
4	√	√	√	√	×
5	√	√	×	×	√

尽管简单直观，"支持 - 置信"分析也存在很多缺陷。**首先，我们需要人为设定支持度阈值。**因为如果阈值太低，则会出现很多可信度很低的关联规则，仅仅可能来自于个别消费者偶然的行为；而如果阈值太高，很多冷门商品之间的关联规则就无法被挖掘出来，那么如果消费者买了一件不那么热销的商品，就很可能没有办法进行推荐。**其次，置信度也是一个缺陷。**考虑一个销售量很大的商品 X（假设销售事件总数为 100 万，包含该商品的销售事件数为 5 万）和一个销售量很小的商品 Y（包含该商品的销售事件数为 200），假设商品 X 和商品 Y 之间的销售完全是独立的，那么在商品 Y 看来，商品 X 的置信度为 5 万 /100 万 =0.05；而在商品 X 看来，和商品 Y 关联置信度是 200/100 万 =0.0002。也就是说，在一对产品的销售记录超过了支持度阈值的条件下，系统总是倾向于推荐销售量大的产品。

四五年前，我曾经注意过 1 号店的推荐。当时 1 号店做了一次苏菲卫生巾的大降价促销活动，造成苏菲非常热销。那段时间，不管你浏览收藏军刀、箱包还是零食，都会在关联推荐栏中看到各种型号的苏菲卫生巾。这就是上述缺陷比较典型的表现[①]：**一方面会造成信息冗余**，因为首页上已经用更大幅的广告低价促销苏菲了；**另一方面用户体验不好**，因为他们理解不了军刀和卫生巾之间的关联，自然也就不会认同这种推荐是基于大数据挖掘技术的个性化服务，而认为是一种变相的广告投放。现在1号店的推荐技术有了明显上升，似乎已经很难再找到这种入门级的错误了。

协同过滤

除了找寻这种一对对商品之间的简单关联，在对消费者进行个性化推荐的时候，往往是先找到和目标消费者喜好相同的用户群，观察这个用户群购买了哪些这个目标消费者没有购买的商品，然后推荐给目标消费者，这种方法叫作协同过滤[②]。**尽管并不是最先进的技术，但却是目前商业推荐系统使用最广泛的技术，其效果要明显好于关联规则挖掘。**但是，过度倾向于推荐热销商品，依然是协同过滤的缺陷[③]。

[①] 很多基于相似性分析的方法都存在类似的缺陷，例如著名的协同过滤方法。就常见的个性化推荐算法分析，可以参考我们的综述文章 L. Lü, M. Medo, C. H. Yeung, Y.-C. Zhang, Z.-K. Zhang, T. Zhou, Recommender Systems, *Physics Reports* 519 (2012) 1-49。

[②] 严格意义上讲，这里说的是"基于用户的协同过滤"（used-based collaborative filtering），与之对应的，还有"基于商品的协同过滤"（item-based collaborative filtering），是观察用户买过的所有商品，选择和这些商品总体而言更相似或者更容易一起购买的商品，然后推荐给用户。

[③] 就如何在保持甚至提高推荐精度的前提下，增加推荐冷门商品的机会，可以参考我们的研究论文 T. Zhou, Z. Kuscsik, J.-G. Liu, M. Medo, J. R. Wakeling, Y.-C. Zhang, Solving the apparent diversity-accuracy dilemma of recommender systems, *PNAS* 107 (2010) 4511-4515。

也有一些办法可以克服上面的缺陷，比如修改关联强度的定义，认为两个消费者同时选择了一个不那么热销的商品，或者两个商品被一个没有买太多东西的消费者同时购买，意味着更强的关联[①]。由于本书不是一本专业读物，技术方面的细节就不展开了。

成对的关联是最简单的关联形态，在很多大数据挖掘的工作中，需要找到特征组合与某个目标的关联。举个例子来说，现在我们集中于性倒错[②]这个目标，看一看一个人的各种属性和这个目标之间的关联。一个人有很多属性，例如性别、年龄、籍贯、穿戴和消费，等等。如果一对一对地观察，那么（男性，性倒错）、（女性，性倒错）、（戴胸罩，性倒错）等，都应该是没有关联或者关联非常非常微弱的。但如果数据集中有同时具备两个属性即男性和戴胸罩的个体，那么属性组合与目标之间，即（{男性，戴胸罩}，性倒错），就可能存在很强的关联关系。所以说，分析关联不是一件简单的事情，我们往往需要考虑属性与属性之间的两两、三三等组合。各位读者可能经常会看到说某某企业使用几十亿个特征进行某某预测，获得了很好的结果。哪里来的几十亿个特征呢？往往里面就包含了很多元特征的组合，以及元特征经过计算、变形后的

---

① 具有这种特性的著名的相似性指标有 Adamic-Adar 指数和 Resource-Allocation 指数，前者可以参考文献 L. A. Adamic, E. Adar, Friends and neighbors on the web, *Social Networks* 25 (2003) 211-230，后者可以参考文献 T. Zhou, L. Lü, Y.-C. Zhang, Predicting missing links via local information. *The European Physical Journal B* 71 (2009) 623-630. 这些指标背后的思想是容易理解的，例如两个观众看过同一部热门电影（类似《疯狂动物城》这种超级热卖片），不能说明他们有什么强相似性。但两个通读过《链路预测》的人，多半都是科研人员，而且研究方向相近。

② 性倒错，司法精神病学鉴定中的一种精神症状。——编者注

衍生特征。

刚才讲的都是量上的关联，不仅仅要有关联，还特别要计算出关联的强度。有的时候，关联的存在性比关联强度是多少更为要紧[1]。表达关联存在性最直观的工具就是网络。各位读者只需要想象一下在线的社交网络，其中每一个用户都用一个节点表示，两个用户之间存在好友关系，就连接一条线——这时候连线本身就代表了一种关联关系。随着未来数据开放力度的加强，这种用网络表达的关联关系会带给我们很多有趣的信息。举个例子，在不久的将来，全国房地产的信息就会公开，这个时候我们分析人和房子的关联网络，就能够找到更多更大的"房叔""房嫂"。又比如，现在很多省市都公开的工商注册信息，"有心人"把这些地市的工商信息爬取、聚拢在一起，就可以看到一些看起来不相关地分布于各地的企业，有共同的股东甚至实际控制人，这些信息对于监管关联交易，保护中小投资者利益；帮助贸易公司判断交易的风险；打击非法集资企业，特别是全国性连锁的非法集资企业，等等，都有很大的价值。

关联分析是寻找因果关系的利器

上面讲了那么多关联分析的好处，那么关联是不是就可以代替因果分析，最终面对大数据我们是不是就不需要了解因果关系了呢？我的答

---

[1] 推荐读者阅读一篇非常有趣的短文 M.-S. Shang, L. Lü, W. Zeng, Y.-C. Zhang, T. Zhou, Relevance is more significant than correlation: Information filtering on sparse data, *Europhysics Letters* 88 (2009) 68008。

案是"否"！

首先，追求因果关系，几千年来一直是人类认识了解自然以及认识自身的方式方法，也是人类能够发明计算机，把自己从繁重的"体力型智力活动"中解放出来的原始力量。这个力量在可见的未来，特别是在基础科学研究中仍无法抛弃。其次，即便在应用问题中，关联和因果也是相互支持、有机结合的，尽管有一些海量数据分析的问题，难以从中挖掘出清晰的因果关系，但是我们在特定问题上放弃寻找因果关系，并不代表因果关系不重要。

关联分析不是杀死因果关系的凶手，而恰恰是寻找因果关系的利器。 我有一个朋友，名字叫曾途，他对物理学和数据技术一窍不通，两年前却张罗一帮人搭建了一个名叫希格斯（Higgs）的大数据营销决策平台，用来纪念这位以揭示宇宙运转最根本的因果性而闻名于世的英国物理学家。希格斯平台汇聚了各种网站、论坛和社交媒体的数据，这些数据洪流又被进一步拆分成很多元特征，元特征的组合，以及元特征经过计算、变形后的衍生特征。曾途希望通过分析这些特征和销售结果之间的关联，来帮助商业伙伴进行态势判断和商业决策。

大数据创新实践 BIG DATA INNOVATION

谁最关注超声波洁面产品

曾途当时为一家全球领先的化妆品品牌服务，该品牌推出了一款超声波洁面仪，可以在 1 分钟内实现快速高效清洁皮肤表面。在多次与产品经理和市场负责人的沟通中，对方都几次提到以"对美肤和外表产生认识和需求的 30 岁及以上的白领女性"为主要目标客户。曾途利用希格斯平台，对该产品官网十多万活跃粉丝以及微博上提到这个平台的用户进行了职业、兴趣、年龄和地理位置等综合画像[①]，发现教师这个职业人群不管从人数还是比例来说，对超声波洁面产品关注度都特别高。通过数据分析，曾途获得了一个简单的关联关系（教师，关注超声波洁面产品），这是从职业特征到产品关注度之间的关联。曾途自己并没有完全理解这个关联是什么原因造成的，但是当他把这个结论告诉产品经理和市场负责人的时候，他们很快就发现了其中的因果关系：教师因为经常用粉笔板书，所以需要一款便捷的设备，在短短的课间时间清洁脸部皮肤。有了这样的因果关系，就可以在教师节或者相关网站和论坛中开展有针对性的营销活动，并且把这种需求直接表现在广告宣传中。

这个例子向我们说明，关联关系的存在，不仅仅能够帮助我们进行预测，还能够从中挖掘出因果和知识。虽然本身不懂技术，但是曾途现在已经成了大数据应用的铁杆粉丝和实践者，刚才我提到的"把这些地市的工商信息爬取、聚拢在一起"的有心人，就是他！

在和中国联通的合作中，我认识了一个有趣的朋友：孟庆红。我刚

---

① 以上信息，可以通过用户自己填写的资料以及一些大规模机器学习的方法联合起来进行判断。实际上，对于年龄段、所在区域和性别，利用部分已知信息以及微博上的关注关系和评论的用词特征，已经可以非常精确地进行预测了。类似地，阿里巴巴和百度也可以很好地预测一台电脑后面的那个用户是男是女，是大叔还是鲜肉，是屌丝还是金丝。

认识她的时候，她还在中国联通四川省分公司（以下简称四川联通）企业发展部当总经理。彼时我和四川联通还没有任何合作，只是因为乔贵平刚刚调到四川出任总经理，他特别重视大数据方向和本质性的创新，所以机缘巧合聚在一起务虚地聊聊。庆红是一个着装精致，说话和外表都娇滴滴的大姑娘，所在的部门又虚实不明，说句实话，我那个时候完全没有想到她居然是乔贵平麾下大数据创新最重要的一员虎将。庆红一说话就根本性地颠覆了我的印象。首先是语速奇快，我自己出身于中科大校辩论队，语速可以想象，但是庆红比我还快，就像架在壕沟里面的机枪一样。其次是聊天过程中，她不停地拿出一张张白纸，在上面画各种业务逻辑、技术架构和商业模式，第一次见面的时间不长，印象中她不到一小时就写满了十多张纸。

大数据创新实践 BIG DATA INNOVATION

发现"一月三电号"僵尸用户

当时，庆红所在的部门要负责对每一家地市公司的经营状况进行诊断。让我惊讶的是，庆红自己编写程序，基于每一家地市公司的经营数据，利用结构方程建模的办法进行因子分析，并从多个方面对挖掘的结果进行了显示度的检验。通过数据分析，庆红发现了一些异常的关联关系，比如一些地市"主要业务（2G、3G和宽带用户）用户规模"和经营绩效之间是显著负相关的，换句话说，用户多了，绩效反而下降了。仅仅是看到这种关联，如果没有办法挖掘出其中的因果关系，对于制订政策、指导企业发展来说，是没有实际价值的。庆红进一步将主要业务的三个部分拆分出来，并且将用户分成高价值和低价值的用户，她发现高价值用户的流失严重而新增用户价值却很低。通过结合企业的经营逻辑，她发现"新增用户价值很低"的原因很大程度上是因为联通上级单位将用户规模作为硬性 KPI 指标下达给各个子公司，同时又为每一个新增用户提供可观的奖励。这就使一些地市公司为了完成 KPI 指标，或者一些职工为了获得经济奖励，人工创造了很多虚假的"新用户"。这些用户并非真实的，其存在的价值仅仅是完成指标和获取集团奖励，它们的存在反过来自然会影响对地市分公司整体经营绩效的评估。

更有趣的是，几乎就在同一个时间点，我的同事董强正好开始分析四川联通一个自治州分公司的业务数据，发现了大量的手机号，每个月不多不少只打三个电话，每个电话通话时间都非常短，有时候还互相打电话。我开始一直质疑董强团队是不是代码层面就出现了错误，才会有这么怪的结果。后来听了庆红的报告，才明白这些"一月三电号"就是庆红所发现的异常关联的肇事者，因为每月要至少打 3 个电话，集团才承认这是一个有效用户，从而可以记入 KPI 指标中，领取奖金。实际上，除了电信运营商的新客户激励外，我相信在手机银行、信用卡等业务中，也存在大量 KPI 驱动导致的僵尸用户，通过大数据挖掘的办法，很容易发现他们。

很多时候，如果找不到一个关联背后明确的因果关系，这样的关联就没有实际价值的。比如改革开放三十多年来，中国的经济大幅发展，国人的平均寿命显著上升，与此同时，贪污腐败和公款消费的数量也在大步快跑地前进。如果我们只着眼数据之间的关联，那么毫无疑问，贪污腐败和经济发展以及人均寿命都有非常强的正相关。那么是不是要大力推进贪污事业，从而促进经济和民生呢？显然不是！有些时候，使用没有明确因果的关联进行预测，会有误导的危险。比如这几年中央加大反腐力度，腐败之风，至少是公款消费和贪腐之风，受到明显抑制。我们是不是可以预测中国的经济总量和人均寿命也会暴跌呢？显然也不是！用机器学习的语言来说，这就是模型的泛化能力不佳，只能解释已经有的数据样本，对于新样本无能为力。所以说，在没有明确的因果关系支撑的时候通过关联关系去理解和预测，往往是危险的。有的时候，同时采用大量的关联关系和多个机器学习模型进行集成学习①，可以降低这种风险，但依然无法消除这种风险。

希格斯平台通过微博数据分析，找到的"职业特征 - 产品关注度"的关联关系，是一种最简单的关联。很多更有价值的关联隐藏在因果关系或者说行业知识的背后，如果不了解这些知识，几乎不可能通过机器自动的特征选择和数据分析的办法找到这些关联。比如说，知道海量手机的移动轨迹和短信、通话关系后，要找到一个人重要的亲戚、朋友和商业合作伙伴，其中一个很有价值的组合关联是"关机、开机间隔时间小于 5 小时，开关机之间位移超过 500 公里"指向"关机前和开机后的几个电话和短信对象有很大概率是重要的关系"。这个关联，或者说规则，

---

① 集成学习，更准确的名字应该叫系综学习（ensemble learning），是通过使用大量机器学习模型，并通过某种规则，把各个学习结果进行整合，从而获得比单个学习器更好的学习效果的一种机器学习方法。举个例子，在进行分类的时候，集成学习的思路是把若干单个分类器集成起来，通过对多个分类器的分类结果进行某种组合来决定最终的分类，以取得比单个分类器更好的性能。给大家推荐一个特别短的综述，可以快速了解系综学习的思路。T. G. Dietterich, Ensemble Methods in Machine Learning, Lecture Notes in Computer Science 1857 (2000) 1-15。

是来源于众所周知的常识"人在航空旅行前后会向亲人和当地的伙伴汇报消息",但是如果不了解这背后的知识,单纯从数据中自动生成这样的复杂关联是不太可能的。

类似地,在百分点科技推荐引擎中,针对女性服装的购买行为,有一个用户场景模型用来判断用户购买的意愿。其中一个重要的关联规则是"用户最近浏览序列中'最近邻三次浏览的平均相似度'有提高的趋势"[1]指向"用户有高的购买意图"。这条规则来源于很多爱美女孩子购物的习惯,如果对这样的行业知识没有了解,直接从数据中挖掘这样的关联,也是不太可能的。

对于维克托·迈尔舍恩伯格(Viktor Mayer-Schönberger)先生在《大数据时代》[2]和《与大数据同行》两本书中对于关联和因果的理解,我是持保留态度的:**他抓住了方法论变革的重要特征,但是对于其中的风险缺乏冷静地判断**。如果没有深刻理解关联和因果,会导致很多理解上的偏差和决策上的错误,这样的例子很多,我不一一列举。为了帮助大家深刻地理解这个问题,我向大家推荐两本书:一本是郑毅先生的《证析》,一本是纳特·西尔弗(Nate Silver)先生的《信号与噪声》(*The Signal and the Noise*)。

---

[1] 如果考察用户最近 10 次的浏览行为,则有 8 个"最近邻三次浏览的平均相似度",分别是 {1,2,3}, {2,3,4}, ……, {8,9,10},如果这 8 组商品的相似度有变大的趋势,就符合这个规则的前提。

[2] 超级畅销书《大数据时代》由湛庐文化策划,浙江人民出版社出版。

07

预测指导决策

BIG

DATA

INNOVATION

Data

　　对一种特定模型非常精通的人才，已经不是大数据时代最需要的人才了。现在需要的是了解各种各样数据、目标和模型之间优劣差异的人，他们能够对特征的选择和模型的选择有丰富的经验，甚至敏锐的直觉。

BIG DATA INNOVATION

预测是科学理论和方法的试金石。当我们观察到一些有趣的现象，并且找到了一种理论去解释这些现象时，那么，怎么才能够可信地说明我们的理论是正确的呢——很可能有理论 A、理论 B……都能够解释这样的现象，它们当中哪个才是正确的呢？要回答这个问题，就需要在不同于已经可以解释的现象之外，重新寻找环境和条件，在这样的环境和条件下，不同的理论对于可能会发生的新现象应该给出不同的预测。如果实验证实了理论 A 的预测，而否定了理论 B 的预测，那么理论 B 就被判死刑了，而理论 A 至少在这一轮试验中幸存了下来。历史上著名的理论，例如万有引力定律、相对论、测不准原理，等等，都经历了非常长期的"预测 - 实验"的斗争，才终于确定了这些理论适用的范围和精度，以及它们在历史上的地位。

举个例子，亚里士多德有一个理论，认为从同一个高度释放不同重量的物体，越重的物体下落的速度越快。此后，过了将近 2000 年，伽利略提出了一个完全不同的理论，他认为自由落体的速度是一样的。严格地说，这些都不能算作理论，而且适用范围也非常有限，但是从他们两位所处的时代来看，先姑且认为是理论吧。如果把两个不同重量的铁球同时从高处释放，亚里士多德的理论将预测重球先落地，而伽利略的理论将预测两者同时落地。在一个著名的传说中 ①，伽利略登上了意大利的比萨斜塔，并且同时释放了一个大铁球和一个小铁球。哇塞，两个铁球一起落地，亚里士多德的灵魂颤抖了！

再举一个负面的例子，光的波动学说和粒子学说。这可以看成两种比较系统的理论，几个世纪以来一直斗争不息。如果把光看成一种波，就需要一种承载的介质，这个介质就是著名的以太。1887 年，阿尔伯特·亚伯拉罕·迈克尔逊（Albert Abrahan Michelson）和爱德华·莫雷（Edward Morley）设计了巧妙而精准的光线传播干涉路径，根据当时以太理论和光的波动学说的预测，当地球以每秒 30 千米的速度绕太阳公转并穿过静止的以太时，可以观察到相应的干涉条纹。实验证伪了这种预测，很快，以太理论就寿终正寝，代之而起的是爱因斯坦的狭义相对论。

刚才的两个例子，所预测的结果都是确定性的。实际上，还有一大类预测，其结果是概率性质的。一个理论，特别是涉及微观世界的理论，往往无法精确地告诉你某粒子下一次衰变的具体时间，但是或许可以预

---

① 目前没有可信的资料支持伽利略真正做过比萨斜塔的实验，因此和"啤酒 - 尿布"效应一样，这很可能也是一个杜撰的故事，或许是伽利略的学生芬森佐·维维安尼（Vincenzo Viviani）在为伽利略写传记的时候把思想实验和真实实验搞混淆了。不过，可以确认的是，伽利略做过斜坡上的滚球实验，这个实验可以充分证明亚里士多德的理论不正确。

测这个粒子在 10 秒之内衰变的概率是 1.21%。如何验证这个预测呢？只能观察很多同样粒子的衰变过程，对比预测的"衰变概率曲线"和真实测量曲线的偏差，来检查预测结果，同时判断理论的可信度。

大数据创新实践 B I G   D A T A   I N N O V A T I O N

一张信用卡逾期不还款的概率有多大

我们利用大数据手段进行的预测，绝大部分都是这种概率性的预测。我们往往不能肯定一张发放出去的信用卡是否会逾期不还款，但是可以预测这张信用卡逾期不还款的概率，优先给逾期不还款概率小的用户发放信用卡。这种预测的精准程度往往需要通过真实业务来进行验证。如果说银行利用传统的 FICO 信用分模型发放的信用卡，三个月逾期不还款的比例是 3%，而通过大数据手段发放的信用卡，三个月逾期不还款的比例只有 2%，那么大数据方法就胜出了；反过来，如果大数据手段发放信用卡的三个月逾期不还款的比例达到了 4%，那么传统方法就胜出了。

我们实验室有一位非常优秀的博士生，名字叫曾伟，因为去瑞士弗里堡大学待过很长一段时间——进行博士联合培养，所以也可以算作我的一个师弟。他是 2014 年电子科技大学十大杰出学生之一，博士一毕业就被电子科技大学聘为副教授。他曾和浙江大学经济系的孔新川合作，在某大型银行做过预测实验。针对小微企业主客户贷款，银行用传统的 FICO 信用分模型加上简单的机器学习方法，其预测的准确度为 46.7%，曾伟等人的方法可以把这个准确度提高到 88.0%，这其中就用到了本书上面提到的集成学习的办法 [1]。

---

[1] 更详细的描述和结果对比，请参考 2015 年曾伟、孔新川等人发表在《大数据》第 1 卷第 2 期的论文《大数据发现银行贷款风险》。

预测是大数据算法应用中最核心的问题，绝大部分我们可以想象到的应用问题，其本质都是预测问题，包括：个性化推荐、精分营销、员工绩效管理、银行信用卡征信、小微企业贷款、生产线优化控制、精准广告投放和营业网点选择……下面，我们一起来看几个具体的预测算法实例，各位读者可以看到这些预测结果是如何直接指导我们决策的。

点击购买类预测

在商业上应用最成熟、最广泛的预测，也是大家经常可以在各种产品中体验到的，就是点击购买类的预测。其代表性场景是预测一个消费者，有多大可能性会点击某个广告，购买某种商品。2014 年，我担任"阿里巴巴大数据竞赛"的评委，其题目就是基于天猫海量真实用户的访问数据，包括用户对某个品牌下某商品访问的行为类型（点击、购买、加入购物车、收藏）和时间（精确到天），对用户接下来一个月里面的购物行为进行预测。2014 年计算机学会大数据专家委员会还组织了"第二届大数据技术创新大赛"，其中七个奖金赛赛题中，有三个都可以归为点击购买类的预测，包括腾讯的"多媒体展示广告点击率预估"、百分点科技的"用户浏览新闻的模式分析及个性化新闻推荐"和思明的"电商消费行为预测"。

面对这类问题，什么样的方法才是大数据预测的典型方法呢？我们以阿里巴巴大数据竞赛为例，当数据和问题，包括判断的指标都明确之后（读者要注意，很多时候明确数据、问题和指标往往比解决问题本身还困难），处理这类问题一般可以切分成四个步骤。

首先，是数据清洗。要把一些明显异常的数据清除掉，比如有些用户，平均每天有数万次浏览，但是从来没有购买过任何商品，这很可能是机器用户爬取天猫数据留下的痕迹，这些数据如果混入真实点击购买数据中，就会成为干扰算法的噪音，降低预测的精确性。

其次，是特征的提取。就是通过选择和评估，获得一大批可以用来预测点击购买行为的特征。这些特征可以是很基本的特征，例如用户的性别、商品的品类等；也可以是需要经过一定统计计算的量，例如前 7 天内用户点击的与目标商品同品类的商品数目；还可以是一些较复杂的算法得到的结果，例如通过"基于用户的协同过滤算法"所获得的某目标用户对某目标商品的打分。任何一个特征，还可以通过自身的变形（引入各种非线性因素或去掉非线性因素等）以及与其他多个特征的加权组合等，生成新的特征。通过对于预测结果关联程度的评估，选择出一些有效的特征，构成我们预测的基础。这时候，特征的数据往往比较多，少的几十个特征，多的可以达到几十亿甚至上百亿。

接下来，就是把这些特征输入到各种各样的训练模型中。其中每一个模型都可以看成是一个预测器。很多读者可能一下子无法形成关于预测器的直观印象，你们不妨把它们想象成一群小动物，吃进去的是特征，拉出来的是预测结果。

数态万千

比如说针对某款女装上衣，我们选定了三个特征：性别（男性为 0，女性为 1），前一年购买女装的次数和 7 天以内点击同品类女装的次数，分别记为 X、Y 和 Z，一个预测器可能通过某种回归学习得到加权的公式，$T=0.03X+0.01Y+0.0025Z^2+0.005$，而如果 T 大于 1 则认为 T=1。每一个人都有对应的不同特征 X、Y 和 Z，这个简单的预测器吃进去一个人的 X、Y 和 Z，得到的是一个概率值，就是预测的这个人会购买相应女装的概率。真实使用的预测器当然更加复杂，但是基本的原理都差不多。

最后一个步骤，是模型的融合。一个预测器就算比较复杂精致，参数很多，总是有局限性的，往往只能抓住数据的部分特征，而忽略掉其他有用的信息。所以，在进行预测的时候，往往要使用很多预测器，然后把这些预测器的结果放到一起，再进行一次学习，得到最终的预测结果。

我们在本书的第 10 章，还要更详细地介绍类似的过程，以帮助读者基本了解机器学习处理问题的思路和大致的方法，而这对于各位读者能否在下一个科技时代中生存是至关重要的。点击购买类预测在很多应用场景中都能发挥重要作用，比如说电子商务网站的个性化商品推荐、各种互联网媒体上的精准数字广告投放、百度和 Google 的搜索结果排序，等等。[①]需要注意的是，**点击或购买概率在应用到具体场景中的时**

---

① 有兴趣的读者可以参考 Dave 和 Varma 2014 年在 now Publishers Inc. 出版的小册子 *Computational Advertising: Techniques for Targeting Relevant Ads*。

候，会有一些差异，不能完全生搬硬套。比如说用户已经收藏或者放入购物车的商品，有很大概率会购买，但是在推荐这个场景中没有必要让购物车内的商品再次出现在推荐栏里，这样用户体验不好。推荐的时候要尽可能让用户看到一些他喜欢但是自己还不大容易找着的商品，这样对用户和商家都更有好处。

基于移动轨迹的位置预测

最近，随着智能手机和车载 GPS 的普及，以及"签到 - 分享"类应用的流行，个人移动轨迹的数据快速积累起来。与此同时，基于移动轨迹的位置预测变成了具有很大商业价值的问题。[①]

和点击购买类预测不同，这个问题即便在学术界，也是非常前沿的新问题，目前还没有很好的解决方案，工业上让人信服而又成功的应用也罕见报道。位置预测也有不同的问题和应用场景，其中最具代表性的有两类：

- 语义预测，就是预测用户要去哪一类地方（中餐馆、咖啡厅、桑拿室、体育馆和飞机场等）。

[①] 有兴趣的读者可以参考我们和微软研究院联合撰写的短综述 D. Lian, X. Xie, F. Zhang, N. J. Yuan, T. Zhou, Y. Rui, Mining Location-Based Social Networks: A Predictive Perspective, *IEEE Data Engineering Bulletin* 38(2) (2015) 35-46. 2012 年，在诺基亚移动数据挖掘大赛三个题目中，有两个分别是地点语义预测和下一地点预测。香港科技大学杨强团队获得了三个比赛中的两个冠军，有兴趣的读者可以参考《中国计算机学会通讯》2012 年 8 月刊发的文章《诺基亚移动数据挖掘竞赛》。

- 空间预测，就是预测用户要去哪一个位置。

如果从预测的实时性要求来分：

- 即时预测，就是预测用户下一个时刻的行为。
- 延时预测，就是预测用户接下来近期的行为。

其中，最困难的是预测用户下一个时刻要去哪个地方。影响一个用户出行和地点选择的因素非常多，最主要的三个因素是：

- 周期性
- 吸引度
- 最近访问地

周期性可以是以天为单位，比如成都好男人每天下班后都会回家吃晚饭；也可以是以周为单位，比如有些个体每个周日都要去固定的地方做礼拜，有的女孩子每周有固定的时间去练瑜伽；还可以是以年为单位的长周期，例如我每年清明节都坚持去"冥通银行"四川省分行门口给自己烧纸存钱。一般而言，在算法中考虑到天和周的两种周期就足够了，以年为周期的行为，例如清明、国庆和除夕的异常出行，可以作为特定的规则进行考虑。

吸引度是指一个地点本身对个体的吸引力，在真实建模中，一个地点针对不同类型的人吸引力是不同的。在群体层面上看，北京故宫博物院对于外地游客而言吸引力很大，但是北京本地人对此或许不那么感冒；对于热爱旅游的人来说，四川最具吸引力的地方是九寨沟，而对于学者而言，这个地方应该是顺江小区，因为它最大密度地汇聚了西南地区的顶尖学者！从个体层面上看，每个人的家和工作地点对他们来说都是最有吸引力的，而这些地点对每个人都不同。最近一个或几个访问地，是预测下一时刻位置的重要因素，它对个体下一时刻出行目标的影响包括两个方面：

* 个体倾向于移动到与这些位置相近的地方。
* 个体倾向于移动到和最近访问位置在逻辑上具有一致性的地方，也就是再现曾经出现过的移动模式（移动位置序列）。

这两个方面也涵盖了部分周期性的因素，而且这两个方面自身也是互相关联的。举个典型的例子，我如果早上去 A 食堂吃饭，接下来一般就会去图书馆上自习，而如果去 B 食堂吃饭，一般就会去教学楼上课——这从我历史的数据中可以观察到。所以，如果在早上 8 点半以前我去了 B 食堂，根据"移动模式再现"，就可以预测我要去教学楼。而其中的原因正是地理上的相近性，因为 A 食堂在图书馆旁边，B 食堂在教学楼旁边。最近访问地的影响可以用马尔科夫过程（Markov process）[1] 来刻画，如果要把周期性、吸引度以及这些因素随时间的衰减都考虑进去，问题就会变得更加复杂，可以用动态贝叶斯网络（Dynamic Bayesian Network，DBN）[2] 或者将地点预测转化成一个分类问题之后，

---

[1] 马尔科夫过程是一类随机过程，其特征是：在已知目前状态（现在）的条件下，它未来的演变（将来）不依赖于它以往的演变（过去）。——编者注

[2] 动态贝叶斯网络（Dynamic Bayesian Network, DBN），是一个随着毗邻时间步骤把不同变量联系起来的贝叶斯网络。这通常被叫做"两个时间片"的贝叶斯网络，因为 DBN 在任意时间点 T，变量的值可以从内在的回归量和直接先验值（time T-1）计算。——编者注

再使用机器学习中常见的各种预测器。

除此之外，人的出行还受到很多外在因素的影响，例如天气情况和交通情况等，这些因素会造成什么样的影响，以及如何用来改进预测的精确度，现在还没有成熟的算法和结论。

大数据创新实践 BIG DATA INNOVATION

签到记录预测用户的土著化指数

杨紫陌现在在阿里巴巴集团从事算法的研究和应用实现，之前曾在微软亚洲研究院访问交流，从事人类移动轨迹的分析和预测研究。杨紫陌和谢幸、连德富等人合作，分析了用户通过"街旁"这一手机应用，在我国北京、上海、南京、成都和香港五个城市中的 137 万余份签到记录。通过比对用户个人的注册信息，用户被分为本地人和外地人两类。统计分析显示，本地人和外地人在城市移动模式上存在明显的差异：外地人更容易被一些风景名胜所吸引，其访问更多集中于少量的地点；本地人访问分布更广泛也更均匀，但是每一个个体往往多次在生活和工作地附近签到。杨紫陌等人尝试了很多常见的单模型，包括地点对个体吸引度、地点整体吸引度和马尔科夫过程，等等，但是预测精度都欠佳。有趣的是，他们发现，可以从用户访问地点的分布中，定量刻画"用户像本地人的程度"，从而他们提出了一个名为"土著化指数"的参数。利用该参数，他们设计了新的模型，可以大幅度提高预测的精确度，而且不需要真正使用用户的注册信息，也就是说不需要知道用户是否注册为本地人，而是从行为上进行判断。分析显示，这种基于行为数据得到的预测精度，比利用用户的注册信息所得到的预测精度还高。

《麻省理工科技评论》（*MIT Technology Review*）高度评价了这一研究工作，认为这一研究工作具有非常明确的实践应用价值，可以提高"基于位置服务"的精确性。更重要的是，这类工作将开创名为"计算人类学"（Computational Anthropology）的分析研究人类行为的新学科方法，对于人类学家了解人类行为模式，分析大规模人口迁移以及社区形成，有方法论上的创新意义。[1]

在我看来，位置预测还是一个新兴的方向，目前还需要全面了解用户移动模式，探索影响出行的主要特征，设计更合适的单预测模型。杨紫陌等人的工作属于移动规律的挖掘和单预测模型的设计。最近这段时间，这类有趣的工作还会陆续涌现。但是，随着这个研究方向的成熟，以及真正有效的工业化的出现，位置预测也会变成类八股的工作，大部分的新进展将会集中在特征提取和模型融合中，因为有效的单模型已经足够多了。那个时候，我们再看位置预测，就会像今天看点击购买类预测一样。

精确的位置预测也能够直接指导决策，特别是在零售领域，如果能够再结合一些购买的兴趣，就能够帮助用户在他们当前位置的附近或者将要去的地方，找到他们想要购买或者消费的对象，提供相应的购物引导和折扣券。

---

[1] 研究论文可以通过以下网址免费下载：http://arxiv.org/abs/1405.7769。*MIT Technology Reviews* 的报道如下：http://www.technologyreview.com/view/528216/the-emerging-science-of-computa-tional-anthropology/。

链路预测

上面介绍的两种类型的预测，都是对个体点击、购买和移动等行为的预测，**还有一类预测，是针对个体之间的相互作用，就是所谓的"链路预测"。这类预测最常见的应用场景，就是社交网络上的朋友推荐。**大家在新浪微博自己主页右上方看到的"可能感兴趣的人"，就是典型的这类推荐。这种类型的预测所使用的方法可以非常简单，例如认为两个人之间如果有很多共同的朋友，他们就应当成为好友。在新浪微博好友推荐中常常可以看到一个解释"你们有 7 个共同关注的对象"，就是这类简单而有效的办法。当然，这种办法也常常犯很多错误，例如把前女友推荐给现女友，或者相反，因为她们都有同一个互动非常多的朋友。这类预测也可能使用非常复杂的方法，例如假设网络具有某种层次或者分块结构，然后引入相应的最大似然模型和随机优化方法。①

2013 年，第九届全国复杂网络大会的最佳论文就是针对大规模社交网络的链路预测方法，其获奖者张千明是电子科技大学和美国波士顿大学联合培养的博士生，他提出了一种办法，可以找出社交网络中最常出现的局部结构，再利用这些结构进行预测②。这种结构潜在地符合很多我们交友的特征，比如，我们很可能和朋友的朋友成为朋友，或者关注我们已经关注的对象所关注的，我们喜欢关注地位更高的人但是和地

---

① 有兴趣的读者可以参考链路预测方面的综述论文 L. Lü, T. Zhou, Link prediction in complex networks: A survey, *Physica A* 390 (2011) 1150-1170.

② 这篇文章于 2013 年在 *PLoS ONE* 发表，题为 "Potential theory for directed networks"。

位相近的人成为朋友，等等。和位置预测类似，网络上的链路预测也还处于方兴未艾的阶段，大量的研究还集中在网络中形成链接的机理挖掘和单预测模型设计，最近也有学者讨论链路预测的局限性和预测精度的可能上限等问题。[①]

大数据预测的主流方法是什么

点击购买、移动轨迹和网络链路是三类很不一样的预测问题，所使用的主流方法也大相径庭。实际上，还有很多不同种类的预测问题，也使用各不相同的方法。我很希望能够有更多的空间向大家展示这些方法的妙处，遗憾的是，世界上很多的美妙必须通过婀娜的数学公式才能表达。只讲述这些公式背后的商业应用，就像服用含有多种维生素的善存片，营养成分固然在，水果的芬芳沁醉全没了。

如果这些方法各不相同，又都需要深入地研究才能掌握，那么普通的技术人员或者商务人员还有机会受益于大数据预测方法吗？或者说有没有更简单、更通用的办法呢？**我认为，未来相当一部分成熟的商业化应用，都会符合机器学习的通用流程（如图 7-1）。**

---

① 可以参考我们最近的讨论 L. Lü, L. Pan, T. Zhou, Y.-C. Zhang, H. E. Stanley, Toward link predictability of complex networks, PNAS 112 (2015) 2325-2330. 大家如果希望更深入了解和行为预测有所不同的网络上的相互作用预测，欢迎阅读阿里巴巴复杂性科学研究中心吕琳媛博士和我在高等教育出版社出版的专著《链路预测》。

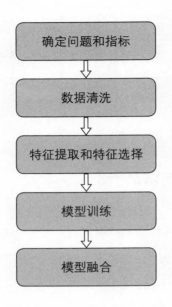

图 7-1 机器学习的通用流程

实际上，这是标准的机器学习方法论，在数据清洗、特征提取和算法效率得到优化后，会成为大数据预测的主流方法。稍微了解一些计算机思维方式和有过本科算法训练的初级技术人员，也可以通过一些平台学习用这种流程来处理复杂问题，例如 RapidMiner（英文平台）、DataMiner（英文平台）和云数据挖掘平台（iCloudUnion，中文平台），这部分内容本书第 10 章还会讲到。

作为本章的结束，我想特别说一下，就我个人的理解，现在对一种特定模型非常精通的人才，例如遗传算法大拿，已经不是大数据时代最需要的人才了。**我们现在需要的人，是了解各种各样数据、目标和模型**

之间优劣差异的人，能够对特征的选择和模型的选择有丰富的经验，甚至敏锐的直觉。因为从商业而非科学的角度讲，大部分可以想到的模型，已经成熟实现了，只需要像拼接积木一样，就可以处理大规模的数据分析、挖掘和预测问题了。换句话说，把降龙十八掌练到极致的郭靖，在大数据时代的价值可能比不上精通各家功夫并知其长短的王语嫣。

在上一部分，我们看到了大数据分析让人眼花缭乱的招数。破剑、破刀、破枪、破鞭、破索、破掌、破气……例子多得很，但大部分都是用自身业务产生的数据解决自身业务遇到的问题。

大数据的巨大魅力，是用大量看起来毫不相关的数据，去解决一个更不相关的问题。打开了这扇窗，我们就迈进了大数据创新的 2.0 时代——发挥数据的外部性。简而言之，就是要充分利用与本业务看起来无关的数据来解决业务中遇到的问题，并且把自身业务产生的数据拿出去，解决外面广袤天地中和本业务无关的各种各样的问题。到了这个阶段，"有关"和"无关"的界限已经被打破，数据洪流就像江河海洋一样，浸润并连通分隔的陆地。

有趣的是，大数据分析面对复杂多样的问题，没有具有普适性的方法论，而发挥数据外部性却有一定的方法论可以遵循。本部分最后，将尝试用最通俗的语言，向读者介绍数据外化的一般方法，这个一般性的方法也是一种有力的大数据分析方法。读者了解了这一总决，再对照上一章的各种具体招数，虽然不一定自己能使出"独孤九剑"来，但做个懂行的观众是足够了。

Part 3

大数据2.0：外化

事类相推，各有攸归，故枝条虽分而同本干知，发其一
端而已。

刘徽，魏晋时期伟大的数学家

08

寻求外部数据的帮助

BIG

DATA

INNOVATION

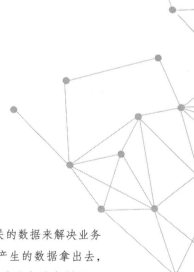

Data 充分利用与本业务看起来无关的数据来解决业务中遇到的问题，并且把自身业务产生的数据拿出去，解决外面广袤天地中和本业务无关的各种各样的问题。到了这个阶段，"有关"和"无关"的界限已经被打破，数据洪流就像江河海洋一样，浸润并连通分隔的陆地。

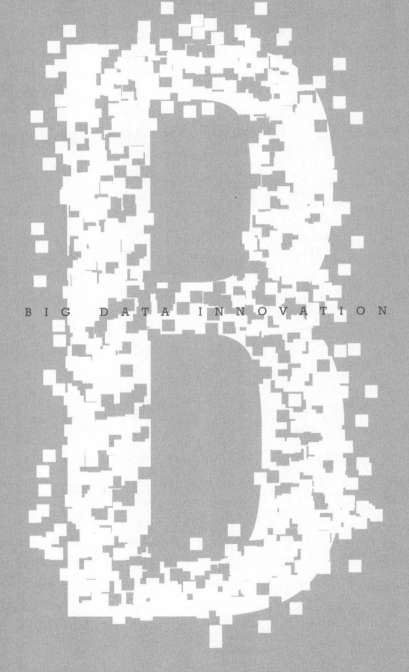

BIG DATA INNOVATION

高中毕业之后，我没有去当时如日中天的北京大学和清华大学，而是到了偏居一隅的中国科学技术大学。一个原因是我当时鼻炎比较严重，北京天气干燥，我不太喜欢，而且高中理科实验班一半的同学都选了北大或者清华，我也就不凑这个热闹了。第二个原因，可能更加重要，就是看上了中科大少年班系让人艳羡的师资队伍。现在很多朋友以为我是少年大学生，这里需要澄清一下，少年班系分成两个班，一个是传统意义上的"少年班"，要求高考的时候年龄不超过 15 周岁，一个是"零零班"，是从"数理化计生"奥林匹克竞赛国内的优胜者、高考尖子生和进校复试中成绩拔尖者中综合选拔的。两个班各 55 人，组成了 110 人的中科大精锐部队。

就是这么一个群英荟萃的小班，却多年保持中科大本科生退学率的首位。我自己的同学里面，就有好几位多科不及格，拿不到学位甚至退学的伙计。列夫·托尔斯泰小说中的人物安娜·卡列尼娜说过："幸福的人都是相似的，不幸的人各有各的不幸。"这句话到了我们班恰好相反：优秀的同学各有各的特长，而退学的却基本都来自同样一个原因——网络游戏上瘾！网络游戏对学业发展的影响是直接的，但却不能说是"立竿见影"的。这主要来自于两个原因。

首先，大学的考试基本上一个学期只有一次，所以如果一位同学暑假迷上了网络游戏，开学后即使完全不学习，最早也得半年后等到学期期末考试成绩出来，才能够看出一些端倪。

其次，我们班不乏考试好手，不仅有若干省份的高考状元，当年统一高考的全国状元也在我们班。先不说他们是不是真正深刻理解一门课程的精义，就凭他们傲视群雄的考试力，只需要在考试前一两周抱抱佛脚，通过大学的期末考试也是易如反掌。对于他们来说，可能要连续两个学期、三个学期甚至更长时间的放纵，才会出现多科不及格的现象。

我现在在电子科技大学任教，每年也有一些学生因为网络游戏拿不到学位。我们在与学生访谈的过程中，通过了解学生开始接触网络游戏的时间，发现学生从出现较明显的网络游戏瘾，到多科不及格，一般要经历两到四个学期，而大学有期末考试的，总共也才七个学期。而且，一旦学生开始出现多科不及格的崩溃之态，基本就不太可能恢复了。**也就是说，考试作为对学生学业发展的一种评估手段，是静态和滞后的，并不能实时发现学生学习行为的异常。**

从行为数据预测学生考试成绩

当时，我正好在微软亚洲研究院谢幸博士和袁晶博士指导下开展学术实习，他们和中科大的孙广中博士正在合作分析中科大校园一卡通的数据，后者是我原来在中科大参加国际大学生程序设计竞赛时的教练。我们仔细讨论后认为，**应该可以通过对学生各方面数据的分析，早期发现学生学业发展中的异常情况，并进行预警**。而这种方法的有效性怎么体现呢？还要回到考试成绩上去，也就是通过我们的方法，对学生的期末考试成绩排名进行预测。如果事实证明预测结果非常准确，就意味着我们能够提前发现学生学业的异常，从而也就有可能找到办法去帮助这些学生。

遗憾的是，那个时候中科大的学生数据并不充分，无法支持我们相关的研究，这个问题就此搁置了接近一年，直到我们遇到了教育大数据研究所的所长夏虎博士。那个时候，夏虎承接了教育部的一个示范项目，需要建立一体化的校园大数据平台。电子科技大学正好是七个示范学校之一，这个大数据平台于是就从电子科技大学开始"松土动工"。彼时，夏虎的大数据平台上已经整合了电子科技大学近 2 万名在校学生 85 项数据，包括学生的基本信息、历年成绩、选课记录、图书借阅记录、食堂和超市消费记录、宿舍和图书馆门禁记录、医疗数据、党团活动记录……仅仅是离线行为的记录，就超过了 1.2 亿条 [①]。夏虎一直希望能够

---

① 现在已经累积了电子科技大学 3 万余名学生 3 亿多条离线数据项。如果算上幼儿园、中小学和其它大学的数据，夏虎的教育大数据平台已经覆盖了 6 千多万学生。

通过自己的实践，引领中国教育大数据革命，最终建立定量化和个性化的终生学习体系。听了我们的介绍后，他对我们的问题非常感兴趣，不仅同意我们在匿名化的数据上测试和实现我们的想法，而且还高薪聘请了原微软亚洲研究院谢幸小组成员连德富博士，担任教育大数据研究所的副所长，专门负责该问题的研究。

在寝室待得越久，成绩越差？

大家一下子就能想到的与学生成绩有关的数据，包括学生历年的考试成绩、选课记录、教材与参考书的图书馆借阅记录，等等。这些数据固然有用，但是要做精确的成绩预测，并且同时发现学习行为的异常，还远远不够。图 8-1 是我们分析宿舍门禁记录后，得到的两位典型的学生在寝室的时间段，其中上图是一位专业成绩第一名的学生，下图是一位专业成绩最后一名的学生。我们可以看到，成绩好的学生作息时间非常有规律，一般都是早上 8 点过一点出寝室，中午回来睡一个午觉，下午两点左右再次离开寝室，晚上 10 点半左右回到寝室。成绩差的学生作息时间也非常"规律"，除了有一天可能出去通宵上网未归外，他们早上基本不出寝室，下午也基本不出寝室，仅仅是中午出去一下，恐怕也是饿得受不了，所以出去补给些能量。这些直观的差异都可以转化成定量化的特征，从而帮助我们对学生未来的成绩进行预测，例如可以按照每半个小时里面学生在寝室时间是否超过 15 分钟将 24 小时的寝室门禁记录转化为 48 个二元特征量。在这种情况下，早上 10 点到 10 点半在寝室，又或者凌晨 3 点到 3 点半不在寝室，都可能成为暗示成绩不佳的特征。实际上，我们的分析显示，在寝室待得时间越长，平均而言成绩越差。

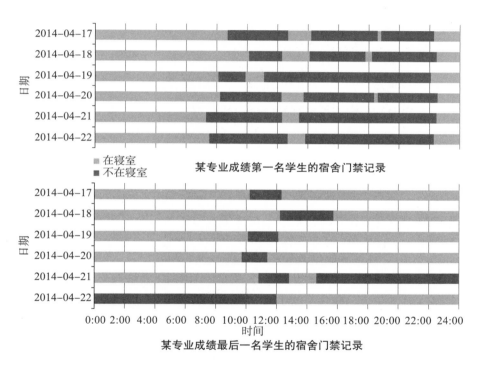

图 8-1　两名学生的门禁记录

进图书馆次数越多，成绩越好？

类似地，对成绩好坏有区分作用的数据还很多。某专业有 80 多名学生，我们观察了专业成绩前 5% 和后 5% 的各四名学生进出图书馆的次数。数据显示，专业成绩前 5% 的 4 名学生，在一个学期开始的 2 个多月中，进入图书馆的次数从高到低分别是 161 次、120 次、91 次和 81 次，平均为 113.25 次。与之相对比，专业成绩后 5% 的 4 名学生，在这段时间内进入图书馆的次数从高到低分别是 41 次、27 次、13 次和 1 次，平均为 20.5 次。两者相差竟然达到了 5 倍多！

打水越多，成绩越好？

有趣的是，图书馆门禁和宿舍门禁数据，还没有覆盖所有成绩关联最强的数据项，目前我们发现的最强关联的数据之一，是在教学楼打水的次数。这个数据是最近两年才有的，来源于一个很偶然的机会。电子科技大学教学楼开水机前经常有很多同学排队打开水，特别是在课间休息的时候。有些排在队伍前列的同学不太节约，用开水洗杯子，一则是浪费水，二则后面同学排了很久队，到面前一看，开水没了，就容易产生矛盾。于是校方就在饮水机上安装了刷学生卡的设备，打开水每 500 毫升需要 1 分钱，而且一张卡在一段时间内打水的次数是有限制的——总之不浪费肯定够喝。这个 1 分钱不是为了挣钱，而是学生卡一次有效消费类刷卡最低需要 1 分钱。我们发现，打水少的学生成绩有好有坏，因为有的同学不太爱喝水，或者自己带水，又或者习惯喝冷水。但是打水多的学生成绩基本上都很不错，平均而言，打水越多，成绩越好。这个打水次数，现在不仅成为我们预测学生成绩的重要特征之一，而且能够用来发现学生学业的异常行为。例如一个学生以前打水很多，突然这学期很少打水甚至不打水了，就是个危险的信号。

我们从数据中找出了一些这样的突出例子，让辅导员去关注 [①]，一部分学生是因为某些竞赛（电子竞技比赛、机器人比赛、ACM 程序设计大赛……）而暂时集中训练，还有就是出现了打游戏逃课的问题 [②]。**尽管这方面的研究和应用，会带来一些隐私方面的担忧（我们已经通过技术手段能够保证技术人员没有机会触碰到真实身份信息），但对学生学业问题的早期观察甚至预警，对于学生而言往往能带来关系其一生发展的关键性帮助。**在包括中小学和大学的教育成长阶段，班主任和辅导员从某种意义上讲，起到了一定的监护人的作用。**个人信息的适度开放，会帮助更好实现教育的宗旨。**

对于成绩预测这个具体的问题而言，进出寝室的记录、教学楼打水的次数等，似乎是没有直接关系的数据。但是通过这些看起来无关的数据，我们却可以更好地解决我们的问题。有些读者会问，这些数据和结果之间的因果关系很清楚啊，作者讲得也很清楚啊，怎么能算作无关数据呢？那是因为我们已经对大量的数据特征与待预测对象进行了关联分析，得到结果之后我们再去思考背后的因果关系，所以呈现给各位读者的，已经是分析之后的结果了。在进行分析之前，其实我们也没有想到打水记录和成绩之间有那么强的关联！对于很多社会科学的研究而言，人们在看到已经有的研究成果的时候，总会觉得这些成果是显而易

---

① 数据对我们来说是匿名的，但是辅导员可以掌握他的学生真实学号和匿名数据的对译表，而系统知道某匿名学生归口的辅导员。对于算法发现的异常行为，平台可以自动向辅导员发送信息。

② 事实上，我们从两个学院发现了 14 个具有异常行为的学生，经过辅导员了解走访，有 8 名学生存在经常打网络游戏的问题。考虑到隐私问题，我们不透露这是哪两个学院。

见的，实际上在没有得到这些结果的时候，大家并不一定能够想到这种关联。①

吃早饭越多、洗澡越规律，成绩越好？

我再举两个看起来和学业关系更远的例子。我们发现，吃早饭次数越多的学生，平均而言成绩越好。② 如图 8-2 所示，学生在校吃早餐的次数随着年级提高，越来越少，可以推测高年级的学生要比低年级学生生活更没有规律，也许也更懒。更重要的是，成绩排名靠前的学生，吃早餐次数明显要多于成绩排名靠后的学生；成绩越好的人专业排名越靠前（排名 0.1 是指在 100 个人中排名第 10 位），反过来也一样，吃早餐多的学生，平均成绩更高。这个指标也是目前我们发现的与成绩关联最强的指标之一，但是在分析之前，我们并没有想到这样的关联。我们还注意到，洗澡时间越有规律的同学，平均成绩越好。**实际上，从洗澡、洗衣服、进出寝室时间等显示出来的生活规律性与成绩的关联强度几乎等同于努力程度。**如何从纷繁复杂的数据中挖掘关联，甚至指引我们找寻因果关系呢？各位读者如果想对这个问题进行深入的了解，可以仔细阅读本部分最后对于一般方法论的介绍，虽然介绍中有一些技术的成分，

---

① 小世界网络模型的提出者，微软研究院的主管研究员邓肯·J·瓦茨（Duncan Watts）在其著作《一切显而易见》（*Everything Is Obvious: Once You Know the Answer*）中通过很多科学案例，深入阐述过这一理念。

② 网易新闻和中青在线分别以《好学生在晚上 10~11 点洗澡，好学生在成都最冷的 20 天里也要吃早餐》和《校园大数据教你如何当一枚学霸》为题报道了这个研究工作，有兴趣的读者可以看原始报道，有些内容更加详尽。

但我认为所有的读者都可以理解。

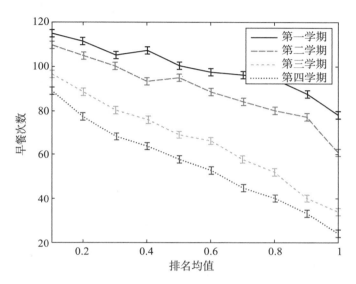

图 8-2　四个学期专业成绩排名和早餐次数的关系

从食堂打卡记录中"定位"孤独人群

　　教育大数据研究所还有一位创始人，是有着近 10 年学工部部长工作经历的吕红胤女士。红胤告诉我，一所招生规模中等的综合性大学，平均每年都会有 1~2 名学生自杀死亡，而这些自杀者中的相当一部分都有抑郁症或者较严重的抑郁倾向。自杀者固然是极端，但是抑郁症在大学生中已经成为一个显性问题，很多大学生因此受到了精神上的巨大折磨，在学业、感情和走进社会后的工作中，因为心理疾患而辜负了仅此一次的最美青春。红胤告诉我们，根据她多年的工作经验，很多抑郁症的学生，在大学中很少参加集体活动，很少能交到朋友，或者自己压根儿就不去交朋友。还有一些患有其他心理疾病的学生，例如受迫害妄想症（精神分裂症早期典型症候），他们终日处于恐惧焦虑中，希望交到朋友，但是因为自己言谈举止比较怪异，往往交不到亲密的朋友。于是，我们和心理健康中心合作，希望能够找到这些"不积极参加集体活动，在校园里面也没有什么朋友"的学生，重点预防这些学生可能出现的心理问题。

夏虎的校园大数据平台中，有学生参加各种竞赛活动、创新创业工作室和其他社团活动的记录，能够在一定程度上反映一个学生是否积极参与集体活动。但这个数据本身不够完整，因为有一些社团在会员登记方面做得不够细致，有一些社团活动举办的时候很多非会员也会参加，有一些社团压根儿就是学生私下组织且从未备案过的，还有一些同学有丰富的社交活动但是不愿意参加多少有点官方性质的社团。我们于是先从食堂吃饭打卡的记录入手。

一对好友相约一起吃饭，不管是不是情侣，经常会同排一个队伍并且前后刷卡。以午餐为例，在我们的数据记录中，每天有超过两万名学生会到食堂吃午餐。这就意味着一个同学甲和另一个同学乙在前后连续刷卡的可能性大约只有万分之一[①]。如果把前后连续在食堂同一个刷卡机器上刷卡定义为"不期而遇"的话，即便一个月吃满60顿中餐和晚

---

① 因为包括两种情况，一是甲在乙前，二是乙在甲前。

餐，两位陌生的同学有过"不期而遇"的概率不超过 0.6%；如果考虑到一个同学吃午餐和晚餐的总次数到不了 60 次，并且有些同学总是和自己的情侣或者死党相约而行，两位陌生同学有过一次或以上不期而遇的概率还不到 0.3%，而两位陌生同学有过两次或以上不期而遇的概率还不到十万分之一。有的读者会说，尽管好友一起到食堂，有时候也会排不同的队伍，而一对情侣到了食堂，男孩子很可能会请女孩子吃饭，只体现为一张卡的刷卡记录。但不管怎样，这些好友和情侣之间产生"不期而遇"的概率，还是远远超过陌生人。另外，情侣们在电子科大经常会一起去图书馆上自习，死党闺蜜们经常一起回寝室，闺蜜们还特别喜欢结伴洗澡，结合图书馆和寝室的进出记录，以及一些特定消费场所的消费记录（例如浴室、露天体育场和体育馆的超市），我们就能够很好判断一位同学身边有没有经常一起活动的若干好友，是不是经常参加一些户外体育运动等。而那些"孑然一身""形单影只"的学生，就是校园心理疾病的高发群体。事实上，我们在电子科技大学找出了最孤独的800 多人，他们没有一个亲密好朋友，也不积极参加各种社团活动，这些人有过心理诊疗记录的概率比一般学生高 19 倍。

校园大数据的一体化平台，其建设的宗旨是为了更好地辅助教育，但又不仅仅由诸如考试成绩、竞赛成绩、选课记录、图书馆借阅记录、

加入"庐客汇"，
与爱读书的人相遇

扫码关注"庐客汇"，回复"为数据而生"，直达周涛教授精彩视频，看大数据如何颠覆传统教育。

视频课程点击记录等教育直接相关的数据组成。夏虎多次对我说，**发挥数据的外部性是教育大数据的精髓，因为学生的行为数据里面蕴含着大量有价值的信息，而且针对行为数据的分析是实时的，能够抓住学生当前的异常问题，避免"亡羊补牢，为时已晚"的悲剧。**

当然，校园大数据平台要以学生发展为宗旨，不能成为监视学生的"老大哥的眼睛"，让《1984》的预言在中国的高校上演——而这一点，虽然并不容易，但在技术上可以做到的。各位读者如果有兴趣，可以阅读数据隐私保护方面的技术和法规 [①]。

从社会计量标牌洞察人力资源管理

对于大多数读者来说，校园生活可能已经成为过去，而现在更多的工作和交往圈子，是围绕职场的。**其实，职场中个人的发展，包括企业对人力资源的管理，也是典型的数据密集型问题。**企业在进行人力资源管理的时候，一个重要的目标就是提高生产的效率。很多企业主从工作环境（清洁度、噪音强度、光照条件、温度、湿度⋯⋯）和员工福利（带薪休假、工作茶歇、免费食品⋯⋯）等角度出发，试图通过改善工作环境和提高员工福利来增加员工对企业的忠诚度，从而进一步提高员工的生产效率。这些尝试肯定是有益的——即便没有立刻提高生产效率，对

---

① 目前真正有实际操作价值的隐私保护法规，是 2014 年 6 月 23 日最高人民法院通过的《最高人民法院关于审理利用信息网络侵害人身权益民事纠纷案件适用法律若干问题的规定》。

于员工的健康发展以及对企业的忠诚度都是有价值的。但是，这些尝试以及尝试的效果，很少被纳入可以数据化和定量分析的范畴。麻省理工学院的阿莱克斯·彭特兰（Alex Pentland）[①]教授建立了一个研究实验室，通过一些可以粘贴在志愿者身上的 RFID 装置，利用无线射频技术，实时记录志愿者的空间轨迹信息，与此同时，这些装置还能记录下和它靠近的其他装置的 ID——彭特兰形象地把这类装置称作社会计量标牌。当然，除了 RFID 外，其他传感器或者智能手机，也可以充当社会计量标牌的角色。

尽管社会计量标牌所记录下来的不是和员工工作任务本身直接相关的数据，彭特兰等人却从这些数据中获得了很多关于人力资源管理的深刻洞见。如果两个社会计量标牌有一段较长时间靠得很近，就可以认为这两个对应的员工有过交流。通过对交流记录的分析，彭特兰等人发现了令人惊讶的事实：**思想的流动模式与生产力的增长和创造性输出有着直接关系。甚至可以说，沟通本身就是一种生产力！**他们发现，不管工作组的工作性质是什么，也不管工作组成员的个性如何，工作组成员之间交流比例越高，生产力也就越高，同时还能减轻压力。这些发现可以用来提高企业的生产效率。举个例子来说，在了解到美国银行呼叫中心通常会安排茶歇，以保证在任何给定的时间内只允许一个人休息后，彭特兰说服美国银行呼叫中心的经理安排茶歇，让更多员工能够同时茶歇，从而可以在茶歇时候交流——单单就这一种变化就使美国银行呼叫中心

---

① 上述发现系统性的介绍以及更多的应用例子和展望，可以参考彭特兰教授的最新著作《智慧社会：大数据与社会物理学》，由湛庐文化策划，浙江人民出版社出版。

每年的产出提高了 1 500 万美元。从这个例子中可以看到，外部数据有些时候比业务本身数据产生的力量更大，因为从中得出的一些结果具有更广泛的适用性，例如彭特兰等人通过社会计量标牌得到的见解，并不局限于某一种特定的工种或某一类特定的人员。

预测离职率和升职率

提高员工之间沟通的广度和强度，不仅可以提高生产效率，而且能够降低员工离职的概率。成都数联寻英和北京思创银联开展了一项联合研究，想看看员工之间和工作无关的一些数据记录，能否用来帮助预测员工升职和离职的概率。[①]思创银联开发了一套名为"亦群"的软件，可以看做企业内部社交和任务管理的社会化平台。在"亦群"这个平台上，员工不但可以与同事进行企业工作上的互动交流，还可以像新浪微博一样，与其他员工彼此分享生活趣事——哪怕两个人之间并不存在业务往来。这些看起来和人力资源没有关系的"外部数据"，结合企业本身的人力资源数据，就可以全面描绘员工的绩效水平、社交行为、参与的工作讨论、彼此业务的往来，甚至访问过的网页、去过的地方，等等。与其他记录员工状态的工具相比，这些数据能为我们讲述更加准确和完整的故事，并且，如果我们认同彭特兰的研究结论，那么这种社会化平

---

① 这部分研究详细的报告，可以参考高见、张琳艳、张千明和周涛的论文《大数据人力资源：基于雇员网络的绩效分析与升离职预测》，发表在科学出版社 2014 年出版的《社会物理学：社会治理》一书中。一个不包含技术细节的科普性介绍可以参考张琳艳等人 2015 年在《大数据》第 1 卷第 1 期发表的论文《大数据导航人力资源管理》。

台的使用，将提高企业员工之间的互动，从而也能够帮助建立更好的企业文化和员工的忠诚度。

我们根据功能的区分，将员工之间的交流行为分成了两大类：一类是与工作相关的交流；一类是在生活区进行的分享，其中生活区和新浪微博类似，每一个员工可以关注其他员工并且看到被关注员工分享的内容。对于前者，凡是对某位同事上传的工作文件或者工作任务描述进行了下载、评论、转发、收藏等等操作，都视为存在工作上的交流。我们把每一个员工看成一个节点，员工之间存在交流就构成连边（如果员工甲下载了员工乙的文件，就有一条有方向的边从甲指向乙，可以类比于甲是乙的粉丝），交流越多，这条连边就越粗（权重越大），这样就形成了一个类似于新浪微博的有向网络，我们称其为"**工作网络**"。对于后者，我们也可以构建一个员工之间的"**社会网络**"，其中每一条边代表一个有向的关注关系，在生活区的分享、转发、互动的强度就构成了社会网络中每条边的权重。

思创银联提供了 104 名员工在亦群上的日志记录以及他们在公司人力资源部门的数据记录，包括绩效和升离职记录。基于这些数据，数联寻英的高见博士和张琳艳女士分析了网络中度量节点重要性的十二个指标 [1]，他们惊讶地发现，员工多次考核的平均绩效与对应节点的重要性指标都存在正关联，而且与社交网络指标的关联性更强。事实上，研究

---

[1] 这些指标包括入度、出度、度、PageRank 指标、LeaderRank 指标、入强度、出强度、强度、总强度、含权 PageRank 指标、含权 LeaderRank 指标和网络核数，相关指标的说明和对应文献可以参考《大数据人力资源：基于雇员网络的绩效分析与升离职预测》一文。

显示，社交网络中粉丝的数目和平均绩效的关联是最强的——尽管"亦群生活区"的一个基本指导方针就是不要提和工作相关的事情。电子科技大学的张千明博士和袁佳博士尝试利用上面的数据，对员工的离职和升职进行预测[1]。在104名员工近两年的数据记录中，有25名员工离职，12名员工获得职位晋升。张千明和袁佳首先分析了衡量节点重要性的若干指标与离职和升职行为之间的关系。与绩效分析类似，节点重要性指标和离职与升职之间有很强的关联：**但凡在两个交流网络中处于中心和重要的位置，有很多"粉丝"的员工，都会有更大的概率升职，很小的概率离职**。与高见和张琳艳的研究结论略有所不同的是，在预测离职和升职方面，工作网络的效果要稍微好于社交网络。如果只看单一指标，那么工作网络中的粉丝数量是预测升职最好的指标，而社交网络中的粉丝数量是预测离职最好的指标。用我们直觉的思维来看，在工作任务流中起枢纽作用往往会得到赏识，获得晋升，这是贡献使然；而在社交网络中有很多朋友的员工，应该有更深的忠诚度和感情，所以不太可能选择离职。

从人力资源定量化的角度，彭特兰、高见、张琳艳、张千明和袁佳等人的结果提供了一种对企业管理的全新解读，只要能够促进员工之间的彼此沟通交流，就可以很大程度上提高员工的忠诚度和工作效率——不管这种交流是关于工作本身的，还是关于员工工作之外的家庭生活及娱乐的。实际上，高见和张琳艳第一次发现，工作之外的交流与绩效表

---

[1] 技术细节可以参考论文 J. Yuan, Q.-M. Zhang, J. Gao, L. Zhang, X.-S. Wan, X.-J. Yu, T. Zhou, Promotion and resignation in employee networks, *Physica A* 440(2016)442-447。

现之间的关联更强！基于大数据的定量化分析所赋予的科学决策和预测能力可以让数据指导决策，也许在未来的两三年里，我们会看到大数据分析让人力资源部门从现在的支撑服务部门变成整个公司的决策指导部门，而其中起到决定性影响的数据，可能并不是人力资源部门本身记录的绩效和考勤数据，而是通过社会计量标牌、智能工卡、任务流系统、企业即时通信系统、企业邮箱、智能手机等所采集的外部行为数据。

行为数据让非法集资无所遁形

2014 年底，曾途开始和相关机构合作打击非法集资。曾途采集了 3 500 多万家企业公开的董监高和股东信息（可以通过各地的工商信用网络获取），这样的话，公司和公司之间因为投资关系或者共同的董事、高管等，存在关联关系。如果把每一家公司看成一个节点，存在直接关联关系的公司之间连一条边，就可以得到一张包含几千万家企业的公司关联网络。有了这样一张大网络，曾途等人可以自动化地挖掘出典型的金融风险。例如有的企业几个自然人控制了大量的关联企业，并且关联企业的总数目以非常不正常的速度增长。又比如自融风险，就是非法集资企业通过虚设假造投资项目，由几个自然人设立的多家壳公司之间互相投资，表现为关联公司之间高密度的交叉持股。再比如通过离岸公司进行跨境洗钱的高危结构，等等。除了这些关联的风险外，企业在经营过程中形成的大量行为数据，也会泄露其作为非法集资企业的蛛丝马迹。

举个例子来说，2015 年，e 租宝核心关联企业在三大招聘网站总招聘 4 399 人次，其中博士 0 人次，硕士 42 人次、本科 1 130 人次、本科以下招聘 3 227 人次，低学历人员占比达到 73.2%，完全不符合基金管理公司正常的人才结构。尽管安徽珏诚集团和北京金易融网络科技有限公司都斥巨资为自己营造了良好的社会形象，但是他们的招聘行为却暴露了非法集资企业的本质。这种对大量行为数据的综合分析，就是大数据的力量。

非法集资只是企业行为数据应用的一个非常极端的例子。在我国创新驱动战略中，发挥科技型企业的创新引领作用，对我国新形势下经济的持续健康发展至关重要。但科技型企业往往资产规模小，缺乏传统质押融资的渠道，所以"融资难融资贵"成了中小企业，包括科技型企业发展的最痛的痛点。在首届中国痛客大赛 20 000 多个痛点中，中小企业股权债权融资成为了最集中的痛点。一些痛客指出，现在很多所谓的小微企业信用贷款，实际上是让企业主进行个人担保，质押自己的房产，等等，根本没有什么信用可言。曾途的团队通过公开的渠道，采集了 3 500 多万家企业的关联关系、知识产权、人力资源、法律诉讼、资产质押和招标投标等数百个维度的数据，为企业进行了全面深入的画像，建立金融风控模型，并基于此为中小微企业，特别是科技型创新企业提供征信和评级服务，帮助优质企业获得股权和债权融资。曾途告诉我，**他希望基于企业真实行为的大数据征信和评级，能够成为原来的企业征信手段的一个重要补充，最终助推我国信用体系的建设，降低优质的轻资产企业融资的成本，从而提升资本的配置效率。**

09

自身数据的外部价值

BIG

DATA

INNOVATION

Data　　企业需要跳出自身业务的陷阱，发散甚至散漫地思考这些数据可能的重大社会经济价值，否则一些很容易开采出来的价值都沉默了，就好比拿到了一块金砖，却只能看到砖块垒墙的建筑功能，而错过了黄金本身更大的价值。

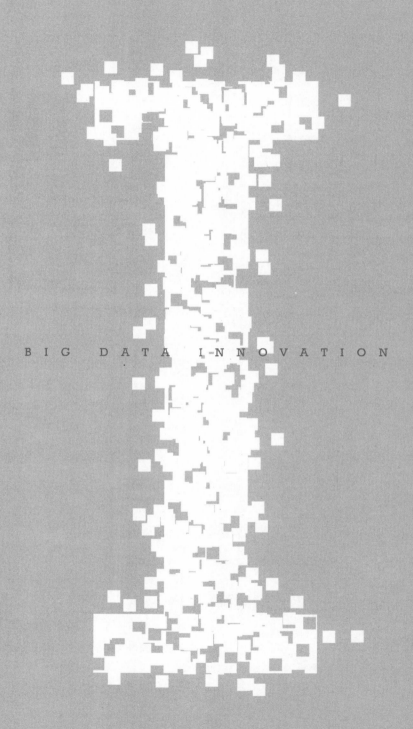

BIG DATA INNOVATION

上　一章给出的例子是当遇到一些业务问题的时候，怎么去找一些看起来似乎没有直接关系的外部数据，通过对这些数据的分析，来推动解决当前的问题。当自己业务产生的数据不能很好解决当前业务问题的时候，去寻找外部数据的帮助，当然比"坐以待毙"好得多，但是这多多少少还是带着点儿"不得不为之"的被动。本章我们将介绍更为主动的行为，就是**当自身的业务已经产生了有潜在巨大价值的数据后，数据拥有方应该主动去思考这些数据除了解决当前业务相关的问题，还有没有可能在更广阔的空间中产生其他巨大的价值。**

45 个关键词实时预测流感趋势

在所有数据外部性的例子中，Google 用搜索关键词预测流感传播是最知名的一个例子。流行性感冒似乎算不上什么大问题，可能每位读者都有过不止一次患病的经历。但流行性感冒实际上是所有传染病中对人类健康威胁最大的。根据世界卫生组织的报告，每年平均有数千万人会感染流行性感冒，其中每年有 25 万至 50 万人死于流行性感冒。与之相对，2014 年各位印象最深刻的死神一般的埃博拉病毒全年导致的死亡人数不到 5 000 人，只有流行性感冒的 1%。美国每年有约 5 万人死于流感，香港仅仅是 2015 年冬季流感，在 3 月份之前就造成了 300 多人死亡——2003 年香港是全球"非典"最严重的疫区，一共有 299 位患者因"非典"死亡。因此，早期对流感传播趋势、波及范围和严重程度的精准预测，对于个人和政府都至关重要。

一般而言，政府疾病控制中心或相应机构报告的感染人数是对于流感传播范围和趋势最权威的数据，因为这个数据是从乡村诊所到各级卫生站、免疫站一层层向上汇总的，有严格的筛选和报送机制。但正是因为这种严格的筛选报送机制，使得疾病控制中心的数据远远滞后于疾病的实时发展趋势。美国是全球医疗信息化和体制机制最完善的国家之一，但是疾病控制中心的数据较流感实时传播趋势依然有 1~2 周的滞后，试想对于其他一些尚在发展中的国家，这个滞后时间可能更长。这种滞后，使得政府健康管理部门往往错过了患病人数突然上升和突然下降的变化，从而制定出很多不合时宜的对策——或麻痹大意或矫枉过正。

为了能够实时掌握当前的流感传播情况（站在疾病控制中心的数据角度来看，就是预测 1~2 周后的感染人数，因为我们经常听到的"截止到今天感染人数",实际上可能是好几天以前的汇总情况),就需要从一些与人们健康行为相关的数据出发,获得对当前传染病波及范围的估计。很多杰出的学者都提出了针对这一问题的解决方案。早在 2003 年,美国匹兹堡大学生物医学信息系的迈克尔·瓦格纳(Michal Wagner)教授就指出可以用医疗救助和咨询电话的记录来估计流感感染的情况。[①]同年,在约翰·霍普金斯大学应用物理实验室的一份技术报告中,史蒂芬·马格鲁德(Stephen Magruder)教授指出,可以通过分析零售药房的药品销售记录来获知疾病流行的现状。[②] 这些思考无疑是有价值的,但是我很怀疑汇聚所有地区的电话记录和采集所有药房的销售记录,尤其是后者,所需要的时间和代价可能还超过了疾病控制中心对病例数据的采集。各位读者也可以注意到,埃斯皮诺和马格鲁德已经开始关注一些疾病控制中心之外的和传染病流行"有紧密关系"的数据,但是这些数据与疾病之间的关系还是太紧密了,他们还没有能够跳出"线下记录"和"利用直接相关的数据"这两个局限性。

瓦格纳教授在 2004 年的国际医学信息学会议中指出,用户在健康网站访问的记录,可以用来预流行病的传播现状。[③] 他所领导的研究组

---

① 可以参考论文 J. U. Espino, W. R. Hogan, M. M. Wagner, Telephone triage: A timely data source for surveillance of influenza-like diseases, *AMIA Annual Symposium Proceedings*, 2003, p. 215-219。

② 可以参考论文 S. Magruder, Evaluation of over-the-counter pharmaceutical sales as a possible early warning indicator of human disease, *Johns Hopkins APL Technical Digest* 24 (2003) 349-353。

③ 可以参考论文 H. A. Johnson, M. M. Wagner, W. R. Hogan, W. Chapman, R. T. Olszewski, J. Dowling, G. Barnas, Analysis of Web access logs for surveillance of influenza, *Stud. Health Technol. Inform.* 107 (2004) 1202-1206。

分析了 2001 年美国 Healthlink 网站上共计 4 980 990 个访问记录，发现对流感相关网页的访问记录和流感流行范围有显著的关联。500 万访问记录在现在来看是很小的规模，倒回去十年，在学术界可以算是较大规模的数据分析。加拿大多伦多大学的冈瑟·艾森班奇（Gunther Eysenbach）教授在 2006 年美国医学信息学会的年会中指出，用户在 Google 搜索引擎中的点击行为可以用来预测流行病的传播范围。[①] 他分析了加拿大地区对 Google 有关感冒的付费广告点击记录，发现点击量和患病人数之间的关联非常强，如果用 1 表示完全相关，用 0 表示完全无关，这个关联强度达到了让人惊讶的 0.91（使用的是 Pearson 关联）。2008 年，爱荷华大学、哈佛大学和 Yahoo 研究院在牛津大学出版的学术期刊《临床传染病》共同撰文指出，在 Yahoo 上提交的与流感相关的搜索词与疾病控制中心报告的感染人数有明显相关，可以用来预测流行病的传播范围。[②] 2009 年 2 月 6 号，瑞典传染病控制研究所的安妮特·胡斯（Annette Hulth）博士在《公共科学图书馆》杂志撰文指出，用户在医疗信息网站搜索的记录，可以用来很好预测流行病的传播——胡斯博士等人通过对瑞典一家医疗信息网站上搜索记录的分析，验证了他们的观点。[③] 与 2003 年的研究相比，学者们已经开始从在线的平台上采集数据，这将大幅度降低采集的难度，因此提高结果的时效性。但是，

---

① 可以参考论文 G. Eysenbach, Infodemiology: tracking flu-related searches on the web for syndromicsurveillance, *AMIA Annual Symposium Proceedings*, 2006, p. 244-248。

② 可以参考论文 P. M. Polgreen, Y. Chen, D. M. Pennock, N. D. Forrest, Using internet searches for influenza surveillance, *Clinical Infectious Diseases* 47 (2008) 1443-1448。

③ 可以参考论文 A. Hulth, G. Rydevik, A. Linde, Web Queries as a Source for Syndromic Surveillance, *PLoS ONE* 4 (2009) e4378。

这些数据和所预测对象之间的因果关联还是太紧密了——点击的是感冒药的广告，搜索的是与流感直接相关的关键词——他们还没有能够跳出"利用直接相关的数据"这个局限性。不过，这些研究起到了累积性的贡献，为 Google 科学家重要的贡献，奠定了很好的基础。

　　Google 的科学家分析了从 2003 年到 2008 年 Google 搜索引擎上用户提交最多的 5 000 万搜索词，然后计算这 5 000 万搜索词中每一个词在美国不同州的每周搜索次数，再把这个次数与该州疾病控制中心报告的流感患病人数做比较。[①] Google 科学家们找到了和流感传播趋势——也就是疾病控制中心报告的感染人数时间序列，关联最强的 100 个词。他们发现，通过相关性最强的 45 个词，再利用一个简单的多元线性回归模型，就可以非常好地预测流行性感冒的传播趋势，而使用多于 45 个词会出现过拟合，预测精度反而下降。Google 的预测非常准确，它能够比疾病控制中心早一周对实时染病情况进行预报，而且能够预测到患病人数突然上升和突然下降的变化。特别让人惊讶的是，传染病流行这么复杂的一个问题，Google 科学家们用 45 个变量就刻画出来了——尽管这种刻画没有告诉我们太多的因果关系。

　　Google 科学家们的这套思路还可以用来预测电价，从而通过"低

---

① 可以参考论文 J. Ginsberg, M. H. Mohebbi, R. S. Patel, L. Brammer, M. S. Smolinski, L. Brilliant, Detecting influenza epidemics using search engine query data, *Nature* 457 (2009) 1012-1014。

价购入电，高价卖出电"来获得收益，有兴趣的读者可以浏览 Google 关于流行病传播趋势预测和电价预测的创新产品。

阿里巴巴的"淘 CPI"指数

上面的例子是 Google 利用自己搜索引擎的业务数据，去解决流感传播趋势预测和电价预测的问题。企业自身的业务数据，还可以用来为国家的宏观决策提供重要支撑。在宏观经济测度中，有一个非常重要的指数，叫作居民消费价格指数（consumer price index，CPI），它是度量一组代表性消费商品及服务项目的价格水平随时间而变动的相对数。作为最终消费价格的度量，CPI 指数同人民群众的生活密切相关（反映货币购买力和实际收入变化），而且也是进行经济分析和决策（反映通货膨胀水平）、价格总水平监测和调控（反映价格水平）及国民经济核算（计算 GDP 的时候要扣除价格影响）的重要指标。

正是因为 CPI 的重要性，快速而准确地计算出 CPI 指数，对于国家宏观决策有至关重要的价值。遗憾的是，CPI 指数的计算，在实时性和准确性方面往往都不尽如人意，这也是为什么有些时候 CPI 计算的结果和人民群众对真实生活成本变化的感知不一致的原因。

实时性较差的原因在于：统计部门需要对全国各地多个地区有代表性的 8 个类别 200 多种商品和服务价格进行调查和加权统计，对于中国这样一个巨大的国家，这种自下而上的汇总肯定是耗时耗力的。

准确性较差则有两个原因：一是 200 多种商品和服务，统计起来已经很费力了，但是要全面反映老百姓生活中最重要的消费，还少了点。而且人民群众消费的需求变化非常快，所统计的商品和服务的变化很慢，有点儿跟不上趟。二是每种商品和服务，在计算 CPI 指数的时候都有一个对应的显示其重要性的权重，确定这个权重比较困难，是通过对大量家庭进行调查获得的。这里就潜藏了很多危险：比如抽样是否完全随机化，因为样本的大小相比中国家庭总数而言太少，一旦随机化不能保障，抽样的结果的可信度就很低；又比如家庭被调查时所反映的情况，是否会因为是接受调查而有所保留或者夸大，与真实情况之间是否会存在系统性的偏差，等等。

大约两三年前，杭州师范大学阿里巴巴商学院和瑞士弗里堡大学张翼成教授在海南三亚组织了一个神仙会，在那个会上，时任阿里巴巴集团研究院院长的梁春晓先生，向我介绍了阿里版本的 CPI 指数——他们把它叫作网络零售价格指数（internet Shopping Price Index，iSPI），但是大家一般都亲切地称其为"淘 CPI"指数。与 CPI 指数类似，iSPI 指数的功能在于综合反映淘宝和天猫平台的网络零售交易商品和服务的一般价格水平，不过它的分类更多，所涉及的商品和服务也更多。表面上看，淘宝和天猫的消费只是中国整个国民消费的一部分，但由于阿里巴巴集团可以全量采集这些数据，所以与统计局原来的"菜篮子调查"相比，阿里巴巴集团 iSPI 指数所利用的数据量要大得多的多。iSPI 指数补充了 CPI 指数的信息来源，并且它以网络交易的实时数据为基础，能够更快速地提供信息，可以满足大数据时代实时掌握和实时决策的要求。更重要的是，在判断关键转折点方面，iSPI 指数要远远领先于 CPI 指数，这在很大程度上克服了 CPI 指数滞后性的缺陷，使相关决策部门针对重大变化，能够更早作出应对性决定。

实际上，除了淘宝的网络交易数据外，还有很多数据都可以拿出来作为经济运行情况的指标，包括互联网招聘网站上各区域各行业招聘的职位数目、职位类别和薪资水平，铁路和航空运输中的客流数据、新公司的注册与注资数据，等等。数联铭品、财新智库和北京大学国家发展研究院共同研制的"中国新经济指数"就在尝试用大数据的办法刻画中国新经济的现状和发展趋势。

很多企业，尤其是数据密集型业务的企业，他们所拥有的数据价值，绝不仅仅局限于企业自身的业务。很多数据，对于我们社会信用体系的建立、全民健康及教育保障体系的建设、国家宏观经济发展中可能的拐点甚至危机预测、全球环境保护与新能源高效利用等战略问题，都可能起到重要帮助。企业需要跳出自身业务的陷阱，发散甚至散漫地思考这些数据可能的重大社会经济价值，否则一些很容易开采出来的价值都沉默了，就好比拿到了一块金砖，却只能看到砖块垒墙的建筑功能，而错过了黄金本身更大的价值。

10

机器学习，数据外化最神奇的利器

BIG

DATA

INNOVATION

Data　掌握了统计理论，不一定就能得到很多新发现，但是至少可以避免很多重大的错误和误判；掌握了机器学习方法，不能够保证得到一个问题最佳的解决方案，但是能够很容易得到一个"很不错"的解决方案。

BIG DATA INNOVATION

我猜想，大多数读者会认为，本章所介绍的数据外部化的应用要比上一章所讲的大数据分析更难。因为通过分析当前业务所产生的数据去解决业务本身的问题，看起来比较自然，而利用看似无关的数据来解决问题，似乎更加神奇。①

但事实恰恰相反，用自身业务数据提升当下应用的效果往往更难，因为涉及业务本身的知识，需要厉害的业务专家提供帮助，甚至建立非常特殊化的数学模型。反过来，当你所使用的数据和本身业务看起来风马牛不相及的时候，你很少有机会能够期盼建立某种有效的数学模型，而只能从数据本身出发。因为不需要利用特定领域专家的特殊知识，针对这样的情况，我们反而有希望设计一般化的方法。

---

① 大数据战略重点实验室的陈刚、连玉明及其团队，提出了"块数据"的概念，并指出数据的综合集成与外部效用是大数据的精髓。他们系统阐述了这一理念，但缺乏方法论的支撑。读者在阅读本章时可参考阅读《块数据》，本章亦可视作对《块数据》一书方法论上的重要补充。

我经常被企业家，又或者对大数据感兴趣的研究人员和学生问到一个问题：什么课程（书籍、教材）对于理解和应用大数据最有帮助？我的建议永远是：**统计理论和机器学习。这两者背后各有一套认识和处理"数据世界"的理念，其中前者能够帮助我们更深刻地理解这个世界并且揭示新的现象，而后者能够帮助我们去解决遇到的问题。**

如果掌握了统计理论，不一定就能得到很多新发现，但是至少可以避免很多重大的错误和误判（有兴趣的读者可以参考郑毅先生的著作《证析》，里面列举了很多容易犯的数据分析错误）；如果掌握了机器学习方法，不能够保证得到一个问题最佳的解决方案，但是能够很容易得到一个"很不错"的解决方案。接下来，我们会结合一个身边的例子，介绍机器学习方法在处理大数据问题上的基本思路，这种思路即便对于一个非技术的管理人员，也是重要的，因为只有了解了机器学习的思路，一个管理人员才会明白，他所谓的行业经验，在很多时候是被涵盖在机器学习的特征和模型中的，并且这些"经验之谈"几乎不可能打败大规模机器学习的结果。

接下来的部分，可能会有一点点难度，但我相信大部分成年人都能理解。如果一些术语我没有给出任何解释，而你又难以理解，那么请使用百度百科或者维基百科。千万不要尝试忽略或者原谅自己的一无所知，因为我既然不加解释，就是认为读者都应该多少有所了解，而你却还不了解，就已经落后了。

可以说，大部分在媒体上频繁露脸的大数据应用，实际上只应用了很传统的基本统计功能，不过以前大家见数据见得少，最近突然在电视、报纸、互联网和媒体上看见了漂亮图表，一方面觉得稀奇，另一方面觉得高级，好象看懂了这些图表之后，自己都跟着高级起来了。

真正厉害的大数据应用，绝大部分都和机器学习有关系。大数据应用中涉及机器学习的地方，绝大部分都可以归为预测和分类两种问题——分类问题也可以看成一种特殊的预测问题，尽管它有一套自身的方法论，就好像推荐系统的问题可以看成是第二部分讨论的链路预测问题，尽管我们不会简单套用链路预测的方法去解决推荐系统的问题。有的读者可能会觉得我这个说法比较偏颇，例如，聚类的问题，不也是很常见吗？但是在真正的大数据应用中，光是聚类还不够，比如说你把人群按照消费的品牌兴趣分成了 28 个类别，然后就结束了吗？显然没有，你还要推送精准的广告，所以说聚类只是一个中间手段，我们最后的目标还是预测广告的点击率，从而能够提高广告的效率。至于用不用聚类，则不是必然。很多时候，把人群聚成若干类后，这个类别标签只是增加了如下文所讲到的一个特征而已。

大规模数据下的机器学习，听起来很玄奥，也的确需要很多经验和技巧，但是掌握其框架和大致思路并不困难。在唐朝的开国元勋中，有一位被封为卢国公的将军，叫程咬金。在历史演义小说《说唐》中，程咬金被塑造成一位耿直可爱的家伙，他自小就不安分，但偏偏没有练武的天赋，尤俊达要教他斧法，他总是学不会。后来有一天他做了一个梦，梦中有一位老人教会了他全套精妙斧法，醒来演练，却被尤俊达喝破，只记得开头，这就是所谓"程咬金三斧"（书中原说三斧半）。这三斧到底是哪三斧，说法很多，想来也不过是下劈、横抹、斜挑及击刺等几个关键动作——皆为斧法的精华所在，简单而又实用。大规模数据下的机器学习，也可以总结成程咬金的三板斧：特征、模型和融合。

机器学习三板斧 1：特征

我们回到第 8 章讲过的教育大数据的例子，用成绩预测这个具体的问题来阐述特征、模型和融合三者的概念、作用和关系。[①] 因为考试的绝对成绩随着考试难度的不同会发生整体的上浮下调，所以我们只预测学生考试的排名，例如针对一个 100 人的班级，我们要做的就是根据以前的数据来预测这 100 个同学接下来期末考试的成绩排名。所谓特征，通俗地讲，就是从这些"以前的数据"中提取出来的对于排名预测有价值的变量。表 10-1 中的数据来自电子科技大学某学院 2014 年第一学期数据，分析对象是大一本科生，亦即针对大一下学期考试成绩排名进行关联分析。关联强度计算采用 Pearson 相关系数，若使用 Kendall's Tau

---

① 关于成绩预测的具体数据和问题描述，可以参考 Data Castle（www.pkbigdata.com）上举办的全国数据挖掘大赛第二站：学生成绩排名预测，本书不再展开其细节。

或者 Spearman 系数,结果没有本质区别。[①] 表中列举了 9 个特征的例子,同时我们计算了每一项特征与考试成绩排名之间的关联强度:如果关联强度为 +1, 就说明这个特征变量取值越高, 所对应的学生成绩排名越靠前;反过来, 如果关联强度为 -1, 就说明这个特征变量取值越高, 所对应的学生成绩排名越靠后;如果关联强度在 0 附近, 则说明这个特征和成绩排名关系不大。一般而言, 关联强度都是在 -1 到 +1 之间, 绝对值越大, 关联性越强。

表 10-1   学习成绩预测的特征样例以及这些特征和成绩排名之间的关联程度

序号	特征描述	关联强度
1	进图书馆总次数	0.841 4
2	借书总次数	0.774 7
3	期末最后两周进图书馆次数	0.807 8
4	周末和节假日进图书馆次数	0.867 9
5	教学楼打水总次数	0.657 7
6	早饭总次数	0.620 3
7	周末早饭次数	0.669 9
8	洗衣服次数	0.270 1
9	夜不归宿的次数	−0.112 7

---

① Pearson 相关系数 r 是一种线性相关系数, 是用来反映两个变量线性相关程度的统计量。r 的取值在 -1 与 +1 之间, 若 r>0, 表明两个变量是正相关, 即一个变量的值越大, 另一个变量的值也会越大;若 r<0, 表明两个变量是负相关, 即一个变量的值越大另一个变量的值反而会越小。r 的绝对值越大表明相关性越强, 但不表示存在因果关系;相反若 r=0, 表明两个变量间不是线性相关, 但有可能是其他函数形式的相关, 自然也可能存在因果关系。Pearson 相关系数的有效性建立在变量取值分布的二阶矩收敛性的基础上 (因为其分母上有二阶矩), 对于具有肥胖尾部的分布 (例如幂律分布等), 这种收敛性得不到保障, 因此可以采用不按照取值而按照排序的方式计算相关程度, Kendall's Tau 和 Spearman 系数都是典型的序相关参数 (rank correlation coefficient)。对于常见统计对象而言, 这三个参数计算出来的结果定性上是一致的。关于这方面深入的数学分析, 可以参考我们最近的工作 F. Guo, Z. Yang, Z.-D. Zhao, T. Zhou, Memory constraints for power-law series, arXiv: 1506.09096。

表中提到的"教学楼打水总次数",就是一个关联强度很高的特征,达到了 0.6577。之所以这个关联强度还没有高到 0.8~0.9,是因为打水少的学生的成绩有好有坏——有的同学不太爱喝水,或者自己带水,又或者喝冷水。该学期中去图书馆的总次数是一个非常强关联的特征,关联强度达到了惊人的 0.8414。但仅仅用这一个原始特征变量,我们还不满足,因为还可以把这个特征拆分成多个特征,例如衡量学生"临时抱佛脚"程度的特征"期末最后两周进图书馆次数"和衡量学生自主努力学习程度的特征"周末和节假日进图书馆次数"。我们发现,这两个特征都和考试成绩强关联,但是"周末和节假日进图书馆次数"关联更强,说明临时抱佛脚是有用的,但是持续的努力或许收获更多。类似地,"早饭总次数"这个特征能够表征一个人的自律性,与成绩排名关联也非常强,达到了 0.6203,但是"周末早饭次数"更有说服力——要有什么样的勇气才能从周末的被窝里面爬起来!最近连德富博士还结合了天气数据,观察寒冷天气下吃早饭的次数和学习成绩的关系,发现在成都最冷的 20 天吃早饭的次数和成绩关联更强!

从"一学期中进图书馆的总次数"这个特征中提取出"期末最后两周进图书馆次数"和"周末和节假日进图书馆次数"这两个特征,是从原始特征中构造新特征最常见的方法之一。这样的方法还很多,比如可以将原始特征粗粒化甚至二元化,得到新特征(例如分析消费习惯的时候,57 岁和 58 岁的人没有多大区别,所以我们可以把人按照年龄划分成几个年龄段,这样就从年龄这个特征中衍生出年龄段这个新特征),可以通过把原有特征取对数、开根号、做多项式变换等方法得到新特征

（因为待预测结果和特征的关联可能是非线性的），可以把多个特征进行组合获取新特征，甚至还可以通过一些复杂的方法学习新特征（例如通过深度学习的方法得到图像不同层次的特征[①]或者通过潜在狄利克雷分配模型等主题生成模型得到文档归属的主题[②]，再把这个主题作为一个新特征）……还可以根据特征与特征之间的依赖关系以及特征与结果之间的关联强度，赋予不同的特征以不同的权重。一般而言，独立性强、关联性强的特征权重更大。特征的选取和赋权，本身也是一个有挑战性的问题，有兴趣的读者可以参考"特征工程"或者"特征学习"等方面的材料。

机器学习三板斧 2：模型

有了特征之后，我们要通过各种模型建立从特征到目标之间的关系。如果我们针对的是一个预测问题，例如成绩排名的预测，我们通常把单个的模型叫作一个预测器；如果我们针对的是一个分类问题，例如把在银行贷款的中小企业分为低违约风险和高违约风险两类，我们通常把单个的模型叫作一个分类器。这样的模型可以是来自某种专家系统，或者把专家的知识翻译成模型，比如银行的风险控制专家的很多知识，都可

---

① 关于深度学习（deep learning）最基本的思路，可以参考论文 G. E. Hinton, S. Osindero, Y. W. Teh, A fast learning algorithm for deep belief nets, *Neural Computation* 18 (2006) 1527-1554。

② 关于潜在狄利克雷分配模型（Latent Dirichlet Allocation, LDA）最基本的思路，可以参考论文 D. M. Blei, A. Y. Ng, M. I. Jordan, Latent Dirichlet Allocation, *Journal of Machine Learning Research* 3 (2003) 993-1022。

以直接转变为模型。一般而言，比较简单的专家知识，我们都尽量转化为特征。举个例子，比如一个银行的风控专家知识"企业应收账款的客户如果出现违约，该企业出现违约的可能性很大"，这是因为这些客户资金链出现问题，应收款很可能收不回来，所以自身的流动资金也会出现问题。因为这个知识比较简单，我们只需要增加两个新特征："出现违约的应收账款客户总违约金额"和"出现违约的应收账款客户总应收账款金额"。又比如一个银行的风控专家知识可能是"2010年后注册成立的建筑相关行业企业，存在股权、房屋和土地质押的风险较大"，那么我们可以增加一个二元特征，如果符合上面的说法就是1，否则是0。而一些更加复杂的专家知识或者专家系统，例如银行广泛应用的FICO信用卡评分模型[①]，就可以直接变为一个预测器（预测风险）或者分类器（添加阈值后可以作为分类器）。**所以说，机器学习模型不是要消灭传统的专家知识和专家系统，而是可以方便地融合传统的专家知识和专家系统。**当然，绝大部分我们使用的模型，并不是刚才这类专家知识或专家系统，而是诸如神经网络（常用的如前向神经网络、后向神经网络、Hopfield 网络等）、支持向量机（常用的如线性支持向量机、多项式支持向量机、激励型支持向量机等）、决策树、回归分析（常用的如线性回归、Logistic 回归等）……

---

① 源自美国的个人信用评分系统，主要是 Fair Isaac Company 推出的，因此叫作 FICO 评分系统。FICO 评分系统在美国得到广泛的使用，主要考虑五类影响因素：（1）客户的信用偿还历史；（2）信用账户数；（3）信用账户的账龄；（4）正在使用的信用账户类型；（5）新开立的信用账户情况。按照中国本土特征修正过的 FICO 评分系统是目前在银行应用最为广泛的信用评分系统。

机器学习三板斧 3：融合

一个特定的模型类，比如一个三层的前向神经网络，可能包含 15 个神经元，由几十个参数确定。由于神经元数目、神经连接数目和参数取值的不同，一个特定的模型类，可以有几十上百甚至成千上万个模型[①]，每一个模型的参数都是经过从特征到目标的学习过程确定的。不管是从专家知识或专家系统得到的模型，还是上述机器学习的常见模型，单一模型的预测和分类结果往往不尽如人意，因此我们形象地把每一个模型都叫作一个弱预测器或者弱分类器。但是，当我们有了成千上万个模型后，我们就可以通过把这些模型融合起来，获得更好的预测或者分类效果，例如 Bagging、Boosting、随机森林等方法；其中每一类融合方法又存在很多变体，例如 Boosting 又分为 AdaBoost、Gradient Boosting 等不同方法。举个例子来说，最简单的 Bagging 方法，针对每一个待分类样本，把每一个模型得到的结果都看成对这个样本分类结果的一次投票，最后根据得票高低确定最终分类结果，投票结果经常胜出的模型会被赋予更大权重[②]；而最常见的 AdaBoost 则是每次更新样本的权重，对错误分类的样本分配更大的权值，正确分类的样本赋予更小的

---

① 例如三层前向神精网络可以有 15 个神经元，20 个神经元，30 个神经元……而 15 个神经元可排布成 5-5-5，3-6-7，6-4-5，等等。

② Bagging 的基本思想，可以参考论文 L. Breiman, Bagging predictors, *Machine Learning* 24 (1996) 123-140。

权值①。这方面算法的细节作为一本通俗读物，我就不再介绍了，有兴趣的读者可以参考流行的教材或专著。②

图 10-1 给出了机器学习三板斧：**特征、模型、融合之间的关系，三者的结合能够产生巨大的经济社会价值**。通过各种融合办法，虽然单一预测器或者分类器的效果并不一定非常好，融合后的结果往往非常不错，并且相当稳定。

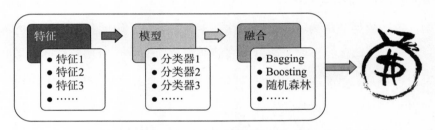

图 10-1　特征、模型和融合之间的关系

很多行业中的问题，都可以通过这种办法进行优化，大幅度提高原来的精准度，产生可观的经济价值。因为融合的方案往往是较为固定的，所以我们只需要维护特征库和模型库，而所有新的数据以及新的专家知识和专家系统，基本上都可以映射为对特征库和模型库的更新，包括对特征权重的修正。尽管专家知识和专家系统对于特征的选择和赋权，以

---

① AdaBoost 的基本思想，可以参考论文 Y. Freund, R. E. Schapire, A decision-theoretic generalization of on-line learning and an application to boosting, *Journal of Computer and System Sciences* 55 (1997) 119-139. 该文的两位作者因为这篇文章在 2003 年获得了哥德尔奖。Gradient Boosting 的基本思想，可以参考论文 J. H. Friedman, Greedy function approximation: a gradient boosting machine, *Annals of statistics* 29 (2001) 1189-1232。

② 如果要读中文著作，南京大学周志华教授的《机器学习》是首选。英文教材可以看看克里斯托弗·毕晓普（Christopher Bishop）的 *Pattern Recognition and Machine Learning*。

及模型的建立都有作用，但是有趣的是，即便没有任何专家知识和专家系统，仅仅通过一般化的特征学习和常用的机器学习模型，往往也能得到很不错的结果。这就使大规模数据下的机器学习，可以看作具有一般化意义的解决方案。特别地，**当我们想要发挥数据外部性的价值的时候，因为外部数据大多和业务本身关联较弱，专家的知识和专业性的分析很难应用，这个时候机器学习的三板斧就起到大作用了。尽管缺乏专业分析的三板斧往往无法直接带给我们深刻的洞见，但因为其精确性和稳定性，经常直接产生巨大的经济价值。**所以，如果读者有 IT 技术和算法方面的基础，又想成为大数据时代的弄潮儿，那么掌握机器学习应该是一条快速致富的捷径。

Big

几年前，我翻译过一本书，叫作《大数据时代》。时空辗转，岁月蹉跎，大数据时代却没有如约而至。如果把这个时代的来临比作洞房花烛夜的话，我们现在还仅仅处在搭讪的阶段——"美女，方便留个电话号码吗？""不好意思，我不用手机，这个 iPhone 只开启了 mp3 功能"——形势很不容乐观！大数据示范性应用落地难的问题，主要源于掌握大数据先进技术、了解大数据方面核心需求和拥有大量数据的三方是分离的。本章所要探讨的，是如何在资本和文化的催化作用下，让数据、技术、需求和人才这些大数据创新的要素融为一体。本章所描述的，是准大数据时代新商业模式的巅峰，当这个巅峰产生出第一批百亿美元的企业后，我们就可以掀起新娘的盖头了。至于婚姻生活的跌宕起伏，就不是本书能够述及的了。

Part 4

大数据3.0：集成

给我五个系数，我将画出一头大象；给我第六个系数，
大象将会摇动尾巴。

奥古斯丁·路易·柯西，著名数学家

11

数据交易：数据资源的汇聚地

BIG

DATA

INNOVATION

Data 不管怎么样，我觉得这个产品是有趣而且有价值的，尽管还不清楚它自己的未来会走向何方，但在大数据交易还处于野蛮生长的特定时间阶段，它可能会起到超出人们想象的贡献。

BIG DATA INNOVATION

中国科学技术大学在二十多年前就开始了一个很有前瞻性的本科生培养计划："大学生研究计划"。我记得马文淦老师指导的零零班和少年班的本科生，十五年前就开始在 *Physical Review D*① 发表论文，而那个时候，中国学者在《物理评论》(*Physical Review*) 系列发表文章还比较困难，更别说本科生了。

我很有幸在大二的时候加入中科大的"大学生研究计划"，跟着数学学院的徐俊明教授从事组合图论的研究，并在本科阶段发表了几篇还不错的极值图论方面的工作成果。那个时候的研究，和现在的"大数据"正好是南辕北辙，因为任何真实的数据对于我们的研究都是毫无帮助的，甚至真实世界本身也是不重要的——我们追寻的是发现新的抽象的定理

---

① 《物理评论 D》，*Physical Review D*，美国一个学术性期刊，创办于 1893 年。该杂志刊登物理学各方面的最新研究成果以及科学评论等。D 代表基本粒子、场论、宇宙学。——编者注

或者为重要的经典定理找到保罗·厄多斯（Paul Erdos）[1]所谓的上帝手持的"天书（The Book）"中的最美证明。[2]

　　一年以后，我又参加了新一期的"大学生研究计划"，在周佩玲教授和傅忠谦教授的指导下从事金融复杂性的研究，也因此认识了后来博士阶段的两位导师：汪秉宏教授和张翼成教授。这次的研究课题很接地气，是要解释真实金融市场收益率分布的胖尾特征，因此需要对恒生、道琼斯和国内金融市场的真实指数时间序列进行分析。[3]虽然是很小很小的数据，但这是我第一次在科学研究中接触到真实世界中的数据，到现在都已经过去一个生肖轮回了。

　　尽管我直到现在还一直在做纯理论的研究，但是从那个时期起，可以说一半以上的研究，都要和真实数据打交道：高速路的交通数据、出租车的 GPS 轨迹数据、大规模社交网络的朋友关系、疾病或信息传播的详细过程、电子商务交易的数据记录……是否有真实数据在很多时候已经成为一项研究工作能否继续往下推进的关键因素。

---

① 保罗·厄多斯，匈牙利数学家，二十世纪最具天赋的数米家。——编者注

② 有兴趣的读者可以读读艾格纳（Martin Aigner）和齐格勒（Günter M. Ziegler）合著的《数学天书中的证明》（*Proofs from THE BOOK*）。由冯荣权等人翻译，由高等教育出版社出版。这本书曾经给我和我的很多朋友带来快乐，现在还是我经常用于娱乐和放松的工具，我给本科生讲的"离散数学"课经常选用这本书的题目作为考试题，以催毁他们的自信并从中娱乐。

③ 对于我本科时候工作感兴趣的读者，可以读读杨春霞和我合著的《金融复杂性：实证与建模》。该书 2013 年由科学出版社出版，获得了江苏省哲学社会科学优秀成果二等奖。书中和我相关的主要工作是我在大三和大四完成的，很多想法并不成熟，但也有一定的借鉴意义。

遗憾的是，那个时候我们没有采集或者产生数据的能力，更没有想过"数据"这类的东西还可以通过购买获得——就像化学家购买试剂一样。因为我们不知道从哪里能够看到最新的数据，因此我们使用的可以免费获得的科研数据，几乎都是学术界研究过一百遍一千遍的老数据（例如 MovieLens[①] 的推荐系统数据）。基于这些数据，对比某些具体算法的效果固然可以，但是想要挖掘出新的现象和规律基本上是不太可能的。而且这些数据普遍规模较小、质量较差（MovieLens 已经是其中的佼佼者了），又因为我们获取数据的方法很零碎，所以所需要的数据门类也经常有很多空缺。

科研数据共享

我加盟电子科技大学之后，有一次参加一个国内的学术会议，当时听一个关于社交网络分析的报告，看到 PPT 里面有一个注脚，说是数据来自"CCF 科研数据库"。我那个时候虽然已经隶属于电子科技大学计算机科学与工程学院，但是我的学术圈子和研究方法还全部是理论物理的那一套，竟然不知道 CCF 就是大名鼎鼎的中国计算机学会（China Computer Federation）。当我通过网上搜索并点击进入"CCF 科研数据库"的瞬间，我被爽到了！从现在往回看，客观公正地讲，"CCF 科研数据库"主要也就是把世界各地其他计算机方向研究团队免费提供的数据收集起

---

① MovieLens 是历史最悠久的推荐系统，由美国明尼苏达大学计算机科学与工程学院 GroupLens 项目组创办，是一个非商业性质的、以研究为目的的实验性站点。——编者注

来，把数据说明简单翻译一下，再免费提供给中国学者。但是，任何一个学者个人，都不太可能知道那么多的数据来源，更不可能有精力把这些数据分门别类整理得非常规范，使得查找和下载非常快捷高效。"CCF科研数据库"却做到了这些。后来，"CCF科研数据库"成了我很主要的一个数据来源，CCF这个名字也被我记住了，现在我已经是CCF一名光荣的普通会员，每年按时"跪呈"会费。在记住CCF的同时，我也记住了"CCF科研数据库"的另外一个联合建设单位——数据堂。

之后的一年，"CCF科研数据库"还一直用着，但是数据堂这个名字再没有听到过了。而这段时间里，随着美国"大数据国家战略"的公布，以及我们组织翻译的《大数据时代》一书的流行，"大数据"这个词语一下子就跳进了从政府官员、产业精英到普通老百姓的语言中，热度超乎想象。从2012年到2013年，我有几个月几乎常驻北京，一方面是受宽带资本董事长田溯宁博士和国内第一本大数据著作《证析》的作者郑毅的邀请，筹备和管理大数据方面的一支产业孵化基金；另一方面是在北京微软亚洲研究院谢幸和袁晶的小组实习。因为谢幸当时经常组织和参与CCF的活动，特别是组织青年学者的活动和组稿《中国计算机学会通信》的专题，而数据堂的创始人齐红威是CCF中特别活跃的青年会员，我多次在各种活动的组织委员会中看到他和数据堂的名字，这个名字才重新在我脑子里面复活过来。

2012年底，我在北京参加首届IDG-Accel大数据论坛，牛奎光是论坛的主持人。论坛中场休息的时候，奎光说有几个大数据方面的项目，希望我帮忙参谋参谋，我以为只是客套话，也没当回事儿。结果没过多久，他就打电话给我，问我有没有听说过一个名叫"数据堂"的大数据公司。我说"听过啊，我还用过他们的数据呢"！实际上，那个时候我对数据堂的印象还停留在"CCF科研数据库"，完全不了解它的其他业务。而在奎光给我打电话的前几天，郑毅告诉我，谢幸委托他在CCF组织一个关于数据开放的论坛，希望我出谋划策，而和郑毅联合组织这次论坛的正好就是齐红威——大家看到这里可能迷糊了，其实人物关系很简单，因为谢幸、郑毅、袁晶和我都是中科大的校友，我们在北京有一个以当年"中科大复杂性科学兴趣小组"为核心的极小的圈子，经常走动。

接下来的几天，我两次见到齐红威，一次是和奎光兄一起，一次是和郑毅兄一起。齐红威是一个看起来特别老实巴交的人，如果在一个工地边上一蹲，保准半小时内就能找到搬砖的活路。但是实在很难想象，就是这样一个看起来老实木讷的人，在我还完全不知道什么叫作"大数据"的时候，就已经开始设计数据的集成与共享平台——这个商业模式，比现在99.9%的所谓大数据公司要先进得多！

在我看来，数据堂的主要业务可以分为两大部分。

第一部分，是汇聚数据并实现数据的交易。 在数据堂，原则上任何一个企业、科研团队甚至个人，都可以上传自己的数据并公开售卖，类似于在淘宝上开设店铺。用户也可以在数据堂下载数据，其中一部分数据是免费的，但是另外的数据需要收费——在数据堂下载收费数据，需要支付"堂币"，1堂币 =1元人民币。截止到2015年7月10日，数据堂已经汇聚了 44 990 组数据，并将这些数据分成了语音识别、医疗健康、交通地理、电子商务、社交网络、图像识别、统计年鉴和科研数据共计八个大类。

第二部分，是数据的定制。举个例子，一个涉及语音识别业务的企业，可能需要开发一套机器学习的算法来识别四川话，他们有很多人说的四川话的片段。这个时候，他们亟需懂四川话的人，把这些话翻译成文本，这样就可以用来检验设计的算法是否准确。类似地，一个做深度学习的科研团队，开发了一套算法判断一幅图像中有没有人脸、有几张人脸，他们就亟需一些人能够看图片，并且给每张图片标注其中的人脸数。这些任务看起来容易，但是工作量非常大，因为用于训练的图片通常会超过百万张，不可能由两三个科研人员手工标注。数据堂有自己的数据生成团队，并且通过众包的方式，可以调动很多人一起来标注数据。以图片识别人脸数为例，成熟的数据标注人员一天可以看超过 10 000 张图片，所以如果有 50 个人参与到标注中，两天就可以标注超过百万的图片。第二部分的业务算不上创新，很早以前大公司就会外包这样的数据定制业务，但是数据堂因为有这样的数据交易平台，就可以让这种业务的价值得以放大，因为除了服务于特定公司外，数据堂还可以向公众以免费或者收费的形式提供这批数据[①]。

2013 年暑假之后，因为成都的事情越来越多，我到北京的时间也就越来越少。后来因为上课的原因，连出差都越来越少了。突然有一天，

---

① 公司一般会要求一个时间段，在这个时间段内，这批数据不能对外售卖。但是过了这个时间段，数据堂就可以向公众提供这批数据，或者按约定提供这批数据的一个部分。

知道郑毅兄到数据堂做董事了，又突然有一天，知道数据堂在北京新三板上市了。就我自己所了解的情况而言，数据堂应该是资本市场上最早、也是目前唯一以数据交易为主要题材的上市公司。与前面我们看到的以数据分析为工具的商业模式不同，数据堂带来了更令人兴奋的新商业模式——以数据本身为产品，以数据交易为业务形态。当然，数据堂的模式也遇到了很多挑战，例如如何说服或者吸引商业伙伴把自己的数据放在这个平台上进行售卖，如何保证这些数据的安全性，包括保证不会被买家放到其他地方做二次售卖，等等。这些都不是容易的事情！事实上，在数据堂的 44 990 组数据中，科研数据就占了 44 680 条，占比超过了99%，其他的数据都很少。例如医疗健康虽然是个大类，但是只有 29 条数据；而社交网络、图像识别和语音识别更可怜，都没有超过 20 条。这说明共享和交易商业化的数据，依然有很长的路要走。

政府数据开放

除了科研数据和商业化数据以外，还有很大一块数据，是来自政府的数据。它既包括地方政府的政务数据，也包括中央和国务院各职能部门的数据。政府手中有大量价值不菲的数据，例如税收、医保、交通和测绘，等等，这里还不包括公安部门掌握的大量入户信息。如果把这批数据给我，我是有信心让这些数据发挥更大价值的，但是这些政务数据"一入侯门深似海"，我是完全没有动过念头去和政府合作，管理和运营这些数据。

还是在 2013 年，一个非常偶然的机会，万雪松给我打了一个电话，咨询我一个关于北斗导航室内定位的重大专项。雪松是思创银联的创始人，而思创银联就是前面曾经提到的，和我们一起合作进行员工离职和升职概率预测研究的一家北京新三板的企业。雪松是我骨灰级的朋友，为人爽朗大气，管理运营能力超强。他和我有一些研究和业务上的合作，但更多是在一起天南地北吹牛的朋友，因为在北京经常蹭他的饭局，吃得多了，不仅嘴软，人都软了，所以对雪松的差遣我是特别地积极。

我印象中是在某个大厦二楼的咖啡厅，雪松带了两位项目的策划人和我交流，一位姓岗，一位姓王，以下称为岗总和王总。因为岗总是雪松的发小，因此他是带朋友来向我咨询。项目总体的要求是要在数亿平方米的楼宇内，实现基于北斗导航系统的室内定位，对于水平和垂直方向都有一定的精度要求。我知道这是一个非常重要的问题，但是我对要如何解决这个问题是一窍不通，只能忠实地把所有需要满足的技术指标都一一做了记录，打算帮他们在学术圈子里面问问，找找有没有能够解决这个问题的高手。岗总很年轻，王总比他还年轻，长得和张雨生有几分神似——后来有人指出主要是因为眼镜很相似。王总说话不多，但是很沉稳，而且能够快速把握关键点，有将帅之气。我特别喜欢和年轻而又厉害的人结交甚至合作，但是他所提出的问题我实在是没有任何兴趣，所以也只能客套地回复几句不痛不痒的话。那天我表现出来的智力水平和信息量估计与一个聊天机器人差不多。

除了资深的宅男，我想很少有人能够和聊天机器人交流半个小时还依然兴致勃勃。岗总和王总也不例外，20分钟以后，大家已经找不到什么话好说了。但是大老远聚在一起，如果凑不满30分钟，多少有些失礼。于是王总说："我最近还在考虑另外一件事儿，想听听涛哥的意见。"后来我知道了，他叫王亚松！

亚松告诉我，国家投入了巨资，协同十余个部委，共同建设了"国家自然资源和地理空间基础信息库"，里面有大量的数据资源。遗憾的是，因为缺乏市场化的力量，这个巨大的宝库还没有发挥出它应有的价值。所以，牵头的建设单位——国家信息中心希望引入社会化的力量，共同运营这些数据。亚松这段话说得不徐不疾，我却怎么都躲闪不了，字字都打在我的膻中穴上。那膻中穴乃人身气海，任脉之会，这番连续受击，我只觉得八阴经脉与八阳经脉中的真气都在震荡——这番话的真义好好理解，来日因此打通任督二脉也未为不可。但是因为当天的主题是北斗导航，我强行压抑了内心的激动，介绍了一下我们在大数据方面的工作，又说了些和导航有关的七七八八的话。这就像一个人正准备给你讲《九阴真经》的精要，但你却不得不去听一堂名为"江南七怪招式连贯性的拉格朗日力学分析"的讲座。我和亚松约好下次专门详聊，然后一起总结和确认了北斗室内定位的技术指标，就离开了。

两周以后，借着北京一个出差的机会，我和亚松第二次在北京碰头，这次和我一起去的还有我们团队当时技术的总负责人，也是教育大数据研究所的所长，夏虎博士。亚松给我看了"国家自然资源和地理空间基础信息库"的数据列表，里面集中了来自国土资源部、水利部、海洋局、测绘局、林业局、气象局等部门，包括行政区划、水文水利、矿藏分布、气象监测和遥感测绘等让人眼馋的数据。他说国家信息中心愿意通过混合所有制的方式，成立创新型的企业，引进职业管理团队和核心技术团队，用市场化的机制，让这些投入巨资建设获得的数据发挥更大的作用。亚松在讲述北斗导航问题的时候，双眼在放光；在讲述国家数据运营问题的时候，双眼在放电。我问他是否愿意放弃现在的工作，全职推进国家数据的运营工作。他说这是一件让他一直非常兴奋的事情，他早就做好了全职创业的准备，只是苦于现在还没有一个合适的技术合伙人，来设计和规划国家数据的集成和共享，以及推动在垂直方向的数据创新型应用。我告诉他，只要愿意做，我们就可以一起推动，至于技术合伙人，我们也一起去找！

在那次聚会后，我们达成了紧密合作、共同推进运营"国家自然资源和地理空间基础信息库"的意向。尽管这件事情八字还只有一撇，我们已经心潮澎湃，立下了"建设和运营国家级战略数据，推动全国范围内数据的集成、共享和创新"的目标！然而，接下来的一段时间，却是让我们抑郁的——我们拜访了国内很多顶尖的大数据技术大牛，但要他们放弃当前的工作，加入到我们那个"虚无缥缈且尚未开展"的业务中，难度很大。至于夏虎，因为既管理着我们整个成都团队的技术架构，又兼管教育大数据研究所，每天忙得像上了马达的陀螺，自己恐怕也没有想过去北京重新开始一段创业。而亚松呢，那时候和我还没有那么熟，恐怕也没有想过直接挖我的墙根。

那时候夏虎大女儿刚上幼儿园，老婆怀上了第二个孩子有半年左右，正是家里最需要他的时候，而我们团队技术的推进和教育所产品的开发刚刚步入正轨——如果要找一个最不适合去北京的人，那就是夏虎了。但是受形势所迫，还不等亚松来挖我的墙角，我就不得不打自家兄弟的主意。

有一天，我问夏虎："外面的世界那么大，你要不要出去看看？"

夏虎很敏感，问："是准备把我流放到北京去吗？"

我问他："你觉得北京的事情靠不靠谱？"

他说："是一件有无穷想象力的事情，但是以前没人做过，风险挺大！不过如果不去北京，只是在成都，没有办法把大数据完全做起来。"

我又问："能成吗？"

他答："难说！"

我说："如果你这次去北京失败了，那这个失败比你以前任何一次失败，或者现在可能的失败，都还要大！在北京，你才有机会犯更重大、更深刻的错误！"

他说："那我交接一下手头的事情，下个月去吧。"

就这样，王亚松和夏虎成为了后来名为"国信优易"最重要的两位创始人 [①]，分别担任 CEO 和 CTO。与数据堂不同的是，国信优易中的大

---

① 夏虎的第二个孩子也是女孩儿，名字叫夏悠逸，纪念国信优易的成立。

部分数据都是国家财政投入建设的数据，在向社会公开的过程中，要秉承无差别、无歧视的原则，并且不能直接进行原始数据的售卖。尽管国信优易的平台上也逐渐聚合了一些数据供应商提供的可以直接售卖的数据和数据产品，但是来自国家的那部分数据却必须通过分析加工，才能以增值服务的形式向社会收费。与数据堂相比，国信优易的商业模式更加复杂，但与此同时，它拥有一些特定的政府数据资源，并且可以通过和地方政府交换和共享数据、共建数据交易平台以及共建创新创业孵化基地的方式，进一步获得更多数据，并且聚合能够让数据产生更大价值的优秀人才和优秀团队——数据本身就是吸引人才和创业团队的磁石。国信优易成立不到一年，已经和很多地市政府建立了合作关系，帮助地方政府整理汇聚自身的数据并和国家数据打通，成为了地方政府数据公开和数据运营的一支重要力量。

最近，我问夏虎对国信优易发展情况的判断，他觉得国信优易会成为国家大数据战略制定和实施的参考和示范。我感觉数据堂和国信优易很可能成为数据交易这个商业模式下的花无缺和小鱼儿，但前路漫漫，且让我们拭目以待。

目前在北京、贵州等地，已经以政务数据为起点，建立了数据交易所或数据交易中心。尤其是贵阳的数据交易所，大胆走出了全新商业模式的第一步。还有很多垂直方向的数据交易，例如一直很受欢迎的遥感数据交易，以及金融信息交易，等等。这些带有更强政府色彩的交易所，在商业模式设计、社会数据的获取和加工，以及核心管理与技术人才的构成方面，还存在一些缺陷，但是假以时日，如果有真正了解大数据的团队参与管理和运营这些数据，也可能会产生巨大价值，甚至因为数据的流动，推动其他产业的发展 [①]。有一些互联网企业，例如京东，也开始布局数据交易市场。京东万象通过整合数据供应商，提供一些数据的API接口，截止到2015年8月，已经有数十组比较成熟的API数据接口可供下载——当然，现在看起来费用是比较惊悚的，希望以后能够便宜一点，因为里面的东西还是很好的。

全国可流通数据的目录体系

数据交易在几年前还是一个不便于拿到台面上说的事情，而现在已经成为各路诸侯竞相争夺的高地。那么，是不是需要数据的人都知道在哪里可以买到数据呢？而手头有合法可售卖的数据的人，知道能够把数据卖到哪里去吗？就在2015年春天的某个时刻，廖昕打电话给我，问我能不能卖给他微博内容的数据，或者帮他买到微博内容的数据。微博内容数据能不能售卖，这是一个有趣的问题，因为这些内容到底是属于用户还是属于新浪，说不清楚；而把公开的数据爬取下来，建立好数据库和索引卖给其他人，是否属于增值服务，也难以界定。售卖这种数据至少现在不明确违反现行规定，但是未来会怎么样，放得更开或者收得更严，很难说。抛开这些合规性的争论，我至少知道十多家可以买到微

---

① 例如国信优易就受邀深度参与贵阳大数据交易所的升级和转型。

博数据的地方，当然，价格、数据内容和数据质量各不相同。我猜廖昕应该是嫌外面的数据贵，就问他："你有没有看上哪家的数据，我去帮你杀杀价。"他回答说："我不知道哪里有的卖。"廖昕不是一个数据行业的白丁，相反，他是一个大数据的弄潮儿。2005 年，廖昕创立了勤智数码并担任董事长，一直从事数据运维和智能分析的服务，现在勤智数码的三个主要业务方向其中一个就是大数据，另外两个——智能服务和智慧城市也和大数据是近亲。廖昕本人也是国信优易的投资合伙人，并且深入参与到产品与市场中。这家伙"不知道哪里有微博数据卖"的陈述把我吓了一跳——这可是我们数据交易业务的合伙人啊！

廖昕这个问题让我想了很多。如果说数据本身可以作为商品，那么它应该也会具有一般商品的某些普适化的特征。举个例子来说，一听可口可乐，我们都知道大概卖 2 块钱。如果你掏 2 毛钱买到，那就假了；如果你花 20 块钱才买到，那就傻了。与此同时，我也知道在哪里可以买到可口可乐，只要是稍微繁华的地方，穿街走巷，三五分钟总是能够找到它。但是，数据不一样。举个例子，成都市出租车的 GPS 数据，一年有 270 亿条记录，这些数据能否售卖，会不会有安全的隐患？如果能够卖，卖多少钱合适：1 000 万、100 万、10 万还是 1 万？这些问题，我相信绝大部分读者没有办法回答，事实上，我也没有办法回答。

数据交易的现状，让我想起了改革开放初期，商业化的气息已经氤氲，但是信息非常闭塞，物资运输极度不便，因此了解信息和拥有交通资源的人，如果得知某地 A 对货物 X 的强烈需求，就可以从某地 B 低价购进货物 X，再以高价在 A 地出售。在那个野蛮生长的时候，信息就是金钱，手头有各个厂家产品和库存的清单，很容易就能变成可观的收入——这张清单，可以理解为可流通商品的黄页，是那个时候的核心竞争力之一。

尽管以数据为商品，本身就是信息化发展到高级阶段的产物，应该不存在任何信息闭塞的问题。但现实是，对于数据产业有相当经验的同行，也不知道从哪里能够买到数据。而且，他们想要购买数据，只是从自己的需求出发，完全就没有想过去看看这个世界上有哪些数据可以买得到。如果有一天，他们能够看到琳琅满目的数据陈列，或许他们有很多新的需求都被激发出来了——这就是淘宝天猫女装栏目的罪恶！反过来讲，拥有可售卖数据的人，可不一定清楚哪些类型的企业对自己的数据感兴趣。**因此，当数据交易这个商业模式还处于萌芽期的时候，建立全国可流通数据的数据目录，提供基本的搜索和查询功能，就显得特别重要。**有了这个平台，买家就可以更容易找到需要的数据，卖家就可以更容易把自己的数据卖出去。当然，有闲心的买家还可以多逛逛看看，说不定就能产生一些创新的想法。

在听完廖昕的问题后不久，我就让王军开始收集整理所有我们能够找到的流通数据的信息。王军是一名很优秀的博士生，遗憾的是没有做基础理论研究的潜质。我对自己的博士生毕业的要求很高——我可以不看期刊的影响因子，但是论文的总他引次数基本上要过 100 次，所以，目前我带的博士生毕业后全部在"985"高校找到了副教授或者讲师的职位。王军从大二开始，就一直领导电子科大最具盛名的一个工作室，"梦飞工作室"，对外承接很多技术型的项目并开发了若干小产品。就我对王军的了解，如果要逼迫他走理论研究这条道路，很可能他的更年期来得比博士学位更早。我自己几乎不做可以产生应用价值的研究，所以我建议王军更换一位应用研究型的博士生导师。但因为是一起鬼混的好兄弟，他非要拉我做他导师。

    我说："那你干脆去创业吧，我们以后就有专门创业的博士生，有特定的毕业标准，如何？"

    王军说："好！这个创业型的博士生毕业的标准是什么呢？"

    我说："你要达到电子科大博士生毕业的基本条件。"

    他说："好。"

    我说："你毕业的时候根据最近一次融资或者上市的公允市场价值，个人身家要到1个亿。"

    王军想了想，说："好。"

    我说："你要捐钱给电子科大。"

    他说："好。"

我现在有两位创业型博士生：王军和聂敏。每每想到他们的目标，我都有一种半夜起床数钱的冲动。

说远了，言归正传！我让王军准备全国流通数据目录的出发点，并不是商业化，只是为了自己使用方便。后来有一天，董强博士突然跟我说："我们做一个数据淘的产品，类似于一淘网，让大家搜索数据并且比较数据的质量和价格，肯定很有用。"董强是做组合网络的，和我早期的研究方向几乎一致，以前在我的感觉中，他对数学的敏感性要远远大于市场和产品。但是这个建议，一下子让我有一种醍醐灌顶的感觉，我立刻找到了王军和他团队的产品经理张迪，一起讨论产品化的可能性。现在他们正在做一款名为"知数搜索"的平台，可以搜索和浏览目前我们找到的国内流通的数据，同时可以允许商家和个人提交新的数据目录。

其实我和王军都还没有看清楚这个产品的未来——如果数据交易真的变成一种被广泛认可的商业模式，并且出现了百家争鸣、百花齐放的局面，那么这个知数搜索与数据交易机构的关系就像是团800和团购之间的关系，前者掌握了数据交易的流量。但是如果有一两家数据交易机构，例如数据堂和国信优易，包括他们在各地建立的交易所和交易中心，最终垄断了大部分市场，那么这个知数搜索作为流量入口的价值就小了。不管怎么样，我觉得这个产品是有趣而且有价值的，尽管还不清楚它自己的未来会走向何方，但在大数据交易还处于野蛮生长的特定时间阶段，它可能会起到超出人们想象的贡献。

12

数据城堡：数据人才的竞技场

BIG

DATA

INNOVATION

Data Castle 不仅是一个简单的竞赛平台，它实际上起到了把企业具有代表性的大数据分析需求、大数据的顶尖人才和大数据的解决方案汇聚到一起的作用，当然，其中最为核心的还是人才。"无心插柳柳成荫"，或许百分点科技赞助的一场比赛，为中国大数据人才汇聚所产生的贡献，会远远超过我们当初的预期。

BIG DATA INNOVATION

　　数据城堡实际上是一款产品的中文译名，它的英文名字叫作
Data Castle，有兴趣的读者可以通过链接 **www.pkbigdata.com**
访问数据城堡。我在写这部分内容的时候，刚刚好举办了全国验证码识
别大赛——这是数据城堡举办的第四个全国性的大赛[①]，由数之联、数
联铭品和勤智数码三家公司共同提供数据和奖金。因为是在暑假开始，
没有任何宣传和地推，再加上题目很难，所以还没有赶上前三届比赛
的火热程度。即便如此，比赛开始 3 天，也有 170 多支队伍注册。[②] 36 氪
在比赛开始三天后给出了一个报道，题目叫作《Kaggle 模式的中国尝
试者：Data Castle 让数据科学家同台竞技》。那么，问题来了："什么是
Kaggle 呢？"

[①] 截至 2016 年 4 月，数据城堡已经举办了 10 余场全国性的比赛了，其中"现金巴士"赞助的"微
额借款用户人品预测大赛"刚刚落幕，吸引了 1 531 支队伍参赛。

[②] 该比赛最终吸引了 528 支队伍参赛。

Kaggle，数据科学之家

Kaggle 最早定位为一个数据挖掘的竞赛平台，是安东尼·古德鲁姆（Anthony Goldbloom）于 2010 年 4 月创立的，这哥们儿比我还小一岁，曾入选《福布斯》杂志 30 位不超过 30 岁的技术人物榜。

Kaggle 的模式非常简单，它建立了一个界面非常友好的数据挖掘竞赛平台，这个平台可以支持实时的排名，根据题目的要求，参赛队伍有的时候被要求直接提交计算的结果，有的时候需要提交源代码，在平台上进行自动编译和计算。企业提供竞赛问题、用于竞赛的数据、评价竞赛成绩的量化指标、奖励竞赛获胜方的奖金以及供 Kaggle 运营比赛的费用 ①。Kaggle 上发布了数以千计的比赛，最大奖金规模高达 300 万美元（超过了诺贝尔奖），是一个医疗数据挖掘的比赛。除了有吸引眼球的高额奖金以外，Kaggle 的平台还囊括了很多重量级的企业和重量级的问题。例如它和微软体感外设 Kinect 团队合作，举办了手势识别的竞赛，并且还帮助世界上最大型的粒子物理学实验室——欧洲核子研究中心（CERN），设计更高效的甄别希格斯粒子（Higgs Boson）的算法。英特尔中国研究院的院长吴甘沙，有一次到电子科大访问，给我讲了一个 Kaggle 里面的励志故事：

> 有一家创业企业有一个重要的算法难题没有办法解决，但

① 实际上，很多企业还没有能力把企业需求转化为一个非常清晰的可用于公开比赛的问题，数据城堡中的算法专家可以提供帮助。

是公司还没有什么钱，于是拿出 5 000 美元做了一场竞赛，然
后利用竞赛的解决方案，配合自己的商业模式，很快就拿到了
50 万美元的天使投资。

所以说，从微软、CERN 到创业小团队，都可以通过 Kaggle 得到
帮助。安东尼·古德鲁姆为 Kaggle 设计了一个口号，叫作数据科学之家。
它的价值体现在两个方面：

- Kaggle 平台上汇聚了大量的数据科学家和数据工程师。
- 借助 Kaggle 平台，企业可以通过某种类似于众包的方式解决数据
  挖掘中的问题。

2011 年 11 月，在 Kaggle 成立一年半的时候，它们获得了 1 125 万
美元的 A 轮融资，之后就一直没有报道过任何融资的进展。我从不同
的人嘴里听到了不同的说法，有的说 Kaggle 已经是一个数十亿美元级
别的企业，有的说 Kaggle 一直没有找到盈利的模式，所以后续融资乏力。
最近 Kaggle 宣称自己平台上汇聚了超过 33 万数据科学家，这个数字如
果属实，那是非常惊人的，就算短期内 Kaggle 找不到明晰的盈利模式，
这也是一家非常值得期待的企业。

数据城堡，Kaggle 模式的中国尝试者

36 氪把 Data Castle 叫作 "Kaggle 模式的中国尝试者" 是过誉了——
Data Castle 实际上是从抄袭 Kaggle 开始的。故事要回到 2014 年的暑假，

有一天我突然接到中科院计算技术研究所程学旗的电话，他说中国计算机学会在筹备第二届全国大数据技术创新大赛，希望百分点科技能够赞助一些经费并且出一道题目。我当时选择了"个性化新闻推荐"这个问题。但是 CCF 希望每家出题的企业自己搭建竞赛的平台。早在百分点出题目这件事情两年前，郑毅和我就多次考虑能否找到一个团队在中国做一个类似 Kaggle 的平台，但是一直找不到一个诱因，也担心国内没有企业愿意支持做竞赛，所以总是停留在口头上而没有实施。正好 CCF 和百分点联合在做这个比赛，我一下子就想到了 Kaggle 平台，于是找了当时一个在成都过暑假的大二学生戴海星，让他帮我开发一个能够支持这次比赛的平台，就以 Kaggle 为参考。

海星现在是我很好的朋友、合作伙伴和球友，但那个时候我们互相都还不太熟悉。让我印象深刻的是，他带着两三个大一大二的本科生，几天时间就把这个平台开发出来了。当然，基本上是照抄 Kaggle，不过我们只抄袭了提交结果和实时排名的功能，现在 Data Castle 上提交源代码，进行单机计算或分布式计算的能力，那个时候都还不具备。照抄到什么程度呢？ Kaggle 平台早期在下方有一段话说明它的合作方，例如 NASA、CERN，等等，我们开发的平台下方连这段话都原封不动抄过来了。香港科技大学的博友 @winsty 是浙大培养出来的非常厉害的机器学习方面的高手，眼神儿特别好，一看到我们在微博上的宣传链接，就指出这是山寨 Kaggle 的版本——其实那个时候连山寨都还谈不上，因为有些 Kaggle 功能的链接都点不开。因为是一个应景的急活儿，而且纯粹是个公益性质的学会活动，我也不管三七二十一，就把百分点科技的题目放在了这个平台上。

整个第二届全国大数据技术创新大赛从 2014 年 9 月正式开始，持续了 3 个多月，到 2014 年 12 月中旬闭幕。除了百分点科技外，大赛还有六家出题单位，包括百度、腾讯、中科云网、思明、海量和南大通用。除了百度是大数据创意性比赛，其他题目都比较具体，包括多媒体展示广告点击率预估、基于人物的相关网络视频挖掘、电商消费行为预测、系列危害公共安全事件的关联关系挖掘及预测和基于互联网大数据的日志类应用处理。这次大赛非常成功，一共吸引了包括 3 所国外大学在内的 250 多个机构、888 个团队参赛。那么，包括百度创意大赛在内的 6 个题目，吸引了多少支队伍参赛呢？一共 196 支队伍！百分点科技的题目吸引了多少支队伍呢？692 支队伍，4 660 次有效提交！百分点科技的题目全称是"用户浏览新闻的模式分析及个性化新闻推荐"，是个很有趣的问题，但也不见得比另外 6 个题目高明多少，之所以有接近 80% 的队伍集中在这一个题目上（意味着平均而言，这个题目的吸引力比其他 6 个题目要大超过 20 倍？），我觉得很大程度上是因为 Data Castle 提供了一个非常友好的界面，使得参赛队比较方便获得数据并能够看到比赛成绩的实时排名。参赛选手遇到题目理解和平台操作的问题时，也有一个讨论区可以进行讨论或咨询算法专家。

比赛的结果是激动人心的，因为参赛队伍算法的精

加入"庐客汇"，
与爱读书的人相遇

扫码关注"庐客汇"，回复"为数据而生"，直达周涛精彩视频，了解如何打造良性的数据生态环境。

确性已经超过了公司研发和算法团队所能得到的最好结果——而公司在时间和经费上的投入远远超过了举办整个比赛的费用。尽管有一些算法，是没有太大商业价值的[①]，又或者不是一家创业企业能够采用的方法[②]，再或者算法本身太过复杂，难以维护和保障算法的健壮性，因为程序一旦出错，很难从超级长的代码中找到错误，所以风险极大。但是我们的确从中学到了很多新知识，有一些已经发挥了实际的效果。就以百分点科技"用户浏览新闻的模式分析及个性化新闻推荐"的题目为例，从比赛结果的文档和算法描述中，我们注意到了引进一个"隐马尔科夫过程"可以提高预测的精度，后来这个隐马尔科夫模型（Hidden Markov Model, HUM）[③]就成了商用算法的一个组成模块——这个模块和它的兄弟姐妹模块一起，现在已经为数百家媒体网站提供了服务，所产生的价值增量早就不是赞助一个题目的费用所能比拟的了，而且这还不包括雇主品牌推广的无形价值。

Data Castle 不仅仅是一个简单的竞赛平台，它实际上起到了把企业具有代表性的大数据分析需求、大数据的顶尖人才和大数据的解决方案汇聚到一起的作用——当然，其中最为核心的还是人才。我们希望在两

---

① 采用了非常复杂的优化方法，从而使得计算时间超过了产品最大承受能力，例如，涉及大规模矩阵的分解或特征值分析，等等。

② 一些算法原则上可以并行化，例如用本书前面提到过的潜在狄利克雷分配模型来建立话题空间，甚至是通过变体的潜在狄利克雷分配模型来建立具有层次性的话题空间。但是算法计算时间的显著降低，需要数百台甚至上千台计算服务器并行计算，对于创业公司而言这种成本是不可接受的。

③ 隐马尔科夫模型是统计模型，它用来描述一个含隐含未知参数的马尔科夫过程。——编者注

三年内，Data Castle 上能够汇聚 10 万高水平的数据挖掘与机器学习的选手，以及 100 万大数据的爱好者，他们能从中享受竞赛以及原创性的大数据资料，更重要的是，认识一帮具有相似口味的朋友！这些人才和 Data Castle 的关系是很亲近的，因为认真参加过哪怕一次比赛，其付出本身就会增进感情——社会心理学很主流的一个观点，就是认为因为付出而产生的依赖甚至依恋要比因为索取更加强烈。2015 年初，成都数联寻英科技有限公司用一万元从戴海星那里把 Data Castle 的平台和所有代码购买过来，并且申请了相应的知识产权。之后 Data Castle 一直没有真正的商业化运作，虽然举办了多次比赛还改了两版，但是一个全职做运营的人都没有。最近不停有投资人找到 Data Castle 的负责人张琳艳，讨论可能的投资，我们才真正开始思考这是不是一个可以商业化的平台。中国有句古话说："无心插柳柳成荫"，或许百分点科技赞助的一场比赛，为中国大数据人才汇聚所产生的贡献，会远远超过我们当初的预期。

13

创新工厂：数据技术的嘉年华

BIG

DATA

INNOVATION

我希望这些想象能够成为现实，使数据分析和数据挖掘的价值得到充分的体现，而每一个真正精通大数据统计分析和机器学习的数据客，都能非常轻松地成为商业世界的宠儿。至于这样有点完美主义的未来构图到底是我去实现，还是其他人去实现，并没有多大不同。

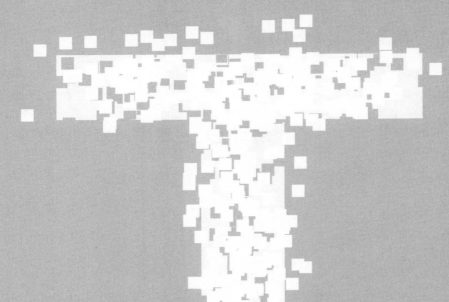

BIG DATA INNOVATION

在我认识的学者群里面，我可能是最尽职尽责的审稿人之一。例如仅仅是统计物理方面的主流期刊《物理评论 E》（*Physical Review E*）和 *Physica A*，我一年评审过的论文大约有 30~40 篇，基本上每个月有 3 篇论文需要评审。最近我突然发现，我评审的大数据创业项目数量开始超过评审论文的数量了。有的时候论文的评审周期很长，来回两三轮加上修改的时间，特别倒霉的时候会超过 1 年，甚至超过 2 年。但是在所有的评审论文中，我从来没有遇到过作者在没有得到最终评审结果的时候，就主动撤稿——说明科学工作者的承受能力还是很强的。与之相比，大数据的创业项目，尤其是孵化期的项目，脆弱到了如朝露昙花一般的境地。有不止一次，一个项目还在项目池中被我们追踪观察，没有最终决定投资与否，当我们联系创始团队的时候，发现这个项目已经死掉了，而这距离这个项目开始运作也就几个月的时间。

大数据创业公司的困境

一家大数据创业公司遇到重大的困难，甚至死掉，原因各不一样，但是其中有两个结构化的原因是需要我们特别注意的。

第一种原因，是一个好的商业模式和产品设计，可能会受阻于某些关键的技术。

最近金蝶集团等传统的财务软件企业，开始思考互联网用户的财务记账需求，推出了"随手记"等手机应用，并获得了很大的成功。这些应用，可以帮助用户记录自己本人、家庭甚至企业的现金账务。用手机记账固然比原来更加方便，但是大量文字的录入，依然会影响一些"懒用户"的体验。

在广东有一家创业公司，开发了一种替代性的手机应用，用户用手机拍一张超市或者餐饮小票，或者一张发票，这个应用就能够自动地把这部分账款记录下来，这样一是避免了记账本身文字输入带来的不便，二是为每一笔账款提供了相应的凭证。我仔细阅读了这个创业团队的商业计划书，也委托同事和这个团队进行了初步的沟通，总的来说，我觉得这是一个非常聪明有趣的应用，很有可能成为覆盖大量用户的一个示范性应用。为了进一步了解这个应用，我撺掇一些同事下载了这个应用，并且立刻去楼下超市捡了几张小票。当我们用手机拍了一张小票并上传后，这个应用告诉我们"正在后台处理中，请稍候……"。有人说互联网的应用，100毫秒的等待就会让用户觉得不流畅，那我们等了多久呢？

一秒钟？一分钟？一小时？一天？对了，是不可思议的一天！一天以后，我们才获得了扫描后图像自动识别的结果。从某种意义上讲，对于随手记账而言，晚一天似乎也没有什么关系，但是这个用户体验实在是不可接受——因为任何一个人都希望立刻看到反馈。不管小票是什么格式和模板，小票图像的文本识别和语义分析在我看来都是简单到不能再简单的问题，任何初级的算法在旧社会的电脑上运行，都不可能慢到需要一天的时间。所以我心里很怀疑，这个一天的延时，实际上是一些有血有肉的工作人员靠人脑进行识别带来的。

第二种原因，是有些团队拥有很强的数据分析和挖掘的能力，但是缺乏商业敏感性和产品设计能力。

一些厉害的算法团队成员，高中的时候参加 IOI[①]，大学的时候搞 ACM-ICPC[②]，研究生的时候拿 KDD Cup[③] 前几名，在 Kaggle、Data Castle 各种各样的比赛中获奖……对于他们来说，机器学习的模型和算法就像阳光和空气一样熟悉。他们可以处理表格、日志、文本、图像、语音、视

[①] 国际信息学奥林匹克竞赛（International Olympiad in Informatics，IOI），是面向中学生的一年一度的信息学科竞赛。这项竞赛包含两天的计算机程序设计，解决算法问题。选手以个人为单位，原则上每个国家最多可选派 4 名选手参加。

[②] ACM 国际大学生程序设计竞赛（ACM International Collegiate Programming Contest），是由国际计算机学会主办的一项旨在展示大学生创新能力、团队精神和在压力下编写程序、分析和解决问题能力的年度竞赛，目前是全球最具影响力的大学生计算机竞赛。

[③] 国际知识发现和数据挖掘竞赛（KDD Cup），是由 ACM 的数据挖掘及知识发现专委会（SIGKDD，其中 KDD 的英文全称是 Knowledge Discovery and Data Mining）主办的数据挖掘研究领域的国际顶级赛事，从 1997 年开始，每年举办一次，目前是数据挖掘领域最有影响力的赛事。声名显赫的 Netflix 百万美元推荐系统比赛也是 KDD Cup 的比赛。该比赛同时面向企业界和学术界，云集了世界数据挖掘界的顶尖专家、学者、工程师、学生等参加，通过竞赛，为数据挖掘从业者们提供了一个学术交流和研究成果展示的理想场所。

频、网络……尤其可怕的是，哪怕是从来没有接触过的数据类型，只要一两天，他们的分析挖掘能力就能够媲美甚至超过行业专家——这并不虚幻，因为机器学习本身是一个具有高度适应性的框架，先进的特征工程加上多模型的集成学习可以在没有特别行业知识的情况下把结果做到"相当不错"（请参考本书前面讲述的"数据外化的一般方法"）。但是这些团队创业依然很容易失败，很多团队的核心成员创业失败几次后，最后只是到一个二线的技术公司管理一个不大不小的算法小组，泯然众人矣。这些团队或者团队核心成员创业失败的原因在于他们对外缺乏对市场的敏感度，不了解市场需求，也无法引导重要客户，得到这些客户的认可；对内则缺少精细化管理和运营能力。

大型传统企业信息化的难题

举个例子来说，在四川曾经有一家大型酒企的负责人在和我探讨酒类行业信息化转型的问题时，向我咨询过一个问题。他说成都有一家初创的技术公司，曾经向他们推销一款微型条码，这个条码肉眼看不到，但是通过特殊的扫码设备，可以进行识别。我好奇地看了那个初创企业的产品说明，提到了这个技术在生产、仓储方面的价值，以及未来对于数字化整合营销的作用。因为产品说明在技术上没有深入，所以我不知道里面的妙味在哪里——我很怀疑就是简单的射频识别技术。显然，这个产品说明没有打动企业主，因为生产和仓储的管理用传统的条形码就可以了，完全发挥不出射频识别数据存储量大的价值（我暂时先假设这就是射频识别）；而数字化整合营销的链条并不完整，因为超市销售终端或者个人用户可没有义务"使用专门的设备帮你采集数据"，从而精准定位用户群体。那个酒企的负责人对于让人眼花缭乱的"未来可能的大数据分析和应用"显然有些抵触，因为这些可能性都没有触及他的痛点。

我内心是认可那家成都企业产品的理念：先把这个产品和技术植入到传统销售型企业中去，之后的应用是什么，暂时不清楚也没有关系，至少做好了数据准备。但是传统的企业家可不会为了一个"对可能性的准备"买单，他也很难据此说服管理团队的其他人。当那位酒企的负责人向我问到这个产品可能的"大数据应用"的时候，我说："你们线下渠道非常复杂，缺少有效的管理。明明集团提出了全国价格控制的基本要求，但是在一些平台类电商或者酒类垂直电商，还经常出现半价促销，从而完全打乱了全国的价格体系，削弱了品牌的高端形象。这些半价酒从哪些经销商来的，如果是三级、四级的经销商，它们的上游经销商又是哪些？以后酒发到经销商那里，可以把各级经销商的信息放进去，然后一旦出现违规的促销，你们自己到平台上买几瓶，回来一扫码，看看是哪几家经销商干的好事，然后按规定罚款或者直接清除掉。"那位酒企的负责人一听就说："这个太棒了，解决了我们的痛点，大数据真是厉害！"我心里说，这哪里是大数据啊，就是个最简单的经销体系的信息化管理，不过加了一个终端的反馈，相当于抽检。里面一丝一毫、一分一厘的大数据都没有用到！但是如果这个系统真正进入酒厂了，未来或许会真正产生一些有趣也有价值的大数据应用。

不过敲开企业的大门，需要的不是大数据技术，而是商业的敏感性。我曾经有过一些产品是通过多级经销商向全国售卖，其中分级扣率和价格体系是最重要的，所以我能够了解品牌零售商的痛苦，但是一般的技术人员和科研工作者对此是毫无经验的。

遗憾的是，上面两个结构性的问题都不好解决。**当你有了一个好的商业模式和产品形态的时候，要找到拥有关键技术的合适的人，是非常困难的；而一群技术达人，要找到合乎他们文化和胃口，能够听懂他们的技术语言，还对市场和产品敏感的管理者，更是难上加难。至于说把产品经理和市场总监技术化，或者把技术总监市场化、产品化，那更是赶鸭子上架，不会有好结果的。**

构建大数据挖掘平台

方育柯认为，造成这两个问题的根本原因，是数据分析和数据挖掘只是一种能力而不是一种产品或者服务。所以，每一个创业团队都得配备这种能力，而能力本身又不能带来直接商业落地的价值。方育柯是电子科技大学计算机学院自己培养出来的最出色的博士生之一，博士毕业之后到国内最大的民营技术公司"服役"过几年，曾经负责过上亿元规模的数据管理与应用平台的规划与建设。方育柯认为：只有当数据分析和数据挖掘的能力能够变成一种标准化的产品或者服务，上面提到的矛盾才能真正解决。

"尽管我们在文献和书本中读到的大数据应用都非常精妙，好像必须要有数据科学家的深度参与，但实际上大部分数据分析的需求通过一些标准化的办法都能够得到很不错的结果，"方育柯说，"因此，我们完全可以做一个普适化的大数据分析挖掘平台，把 90% 的问题解决到 90分的水平。"方育柯是我多年的好朋友，四年以前，在他博士快毕业的时候，我曾经劝说他自己创业，因为他是电子科技大学那一届技术最棒的博士生。但是方育柯坚持要去一家国际一流的大型技术企业学习。我那个时候就感觉他迟早会自己创业，后来见面少了，基本上一年只有一次，但是每次见他，都感觉他离自己出来创业更近一步。不过当他给我讲述这个想法的时候，我是比较惊讶的，因为以他的技术能力，在这个世界上可以有保障地获得可预期的成功——虽然不一定是巨大的成功——的途径实在太多，而他的想法几乎可以算是我听到过的一切"以数据和技术驱动的创业想法"中最重的。

我委婉地告诉他，很多创业者最开始都想做一个大的平台，但是相当多，甚至可以说几乎全部都失败了。而以他的数据挖掘和机器学习的积累，即便自己还缺乏敏锐的市场感觉，可以针对一个有巨大潜力的行业，找一家好的初创公司担任技术合伙人，一方面自己可以在过程中了解创业，一方面也可以获得自己的第一桶金。然后，我开始絮絮叨叨地给他介绍我们创立和投资的企业，以及我们的死党和兄弟们创立和投资的公司，告诉他哪些是未来可能的钻石企业，哪些是未来可能的铂金企业，以及哪些钻石、铂金的企业还能够拿出可观的股份找一个 CTO 级别的技术合伙人。我还在"细数家珍"得意忘形的时候，方育柯打断了我："既然选择出来创业，就是要做我自己最感兴趣的事情。把大数据的技术放进某个具体的行业中应用，固然可以短期内看到效果，但我自己还是希望做一些技术更密集，也更基础的工作。"他不容置否地说："我希望做一个能够体现我全部技术水平的产品，对大数据有整体性的贡献，而不仅仅是某个具体的应用。"

方育柯是一个极不擅于言辞的人，在我印象中几乎没有把一个长句子说利索过。而这一段斩钉截铁的叙述却是非常清楚干脆，我猜这段话在他自己脑子里面可能已经播放过百十次了。我很尊重甚至羡慕这种理想化的追求！在电子科技大学 2015 年毕业生晚会上，我曾经寄语所有的毕业生："什么是青春，青春就是把全部的力量集中起来做一件触动自己灵魂的事情！"在说这句话的时候，我心里想的是爱情，但是从方育柯的话语中，我看到了更有阳刚之气的另外一种青春。

"每个人都需要有梦想，而梦想本身的意蕴和格局，比梦想是否能够实现更加重要。"我给方育柯讲了一个小故事："在我很小很小的时候，有一次过圣诞节，那时候流行送贺卡。我就和几个玩得很好的小朋友约定，把自己长大后的梦想写在贺卡中互相赠送，以后看看这些梦想是否实现。去年搬家的时候，我把自己所有的贺卡都看了一遍，其中也有几张"梦想卡"，里面有当教育家的梦想，有当总理的梦想，也有当科学家的梦想。现在来看，当总理的梦想应该是已经完全破灭了，想当教育家的家伙在重庆银行做理财产品经理，想当科学家的目前在腾讯成都分公司做算法工程师，都离自己的梦想巨远。当时大人平均一个月工资才

100 块钱左右，100 元对于我们来说就是巨款，因此有一个姐们儿当时的理想是'每天都挣 100 块'！她现在在一家小学做大队辅导员和美术老师，应该说是我们这群人中第一个实现自己梦想的。所以，梦想的实现并不一定就是美好的终点，有一个可以长期奋斗的可能性，或许更加重要。"

虽然我羡慕并鼓励方育柯，但我都怀疑自己是否还有那种不顾一切追求微小可能的冲动。那次交流后，方育柯立刻就辞掉了自己的工作，并且撺掇他的一群朋友，回到成都创业。他一边接一些大数据分析的外包项目，一边通过这些项目养了一个十几人的产品团队，花了一年多的时间，做出了一个名字土得掉牙的产品"大数据分析与挖掘平台"。这个平台除了集成了企业运维和管理数据的常见工具，以及一些通用的统计和可视化的工具，还有 100 多类算法和模型，以及几种有代表性的多模型融合工具。如图 13-1 所示，利用这个平台，企业分析人员只需要通过简单的"拖、拉、拽"就可以完整建立一个复杂的机器学习模型。图中每一个方框都是一个算法模块，其模型的参数既可以由算法工程师设定，也可以根据优化目标自动学习。方育柯让和自己关系很好的合作方测试这个分析平台。对于有一定训练的算法工程师，需要 5 天左右的编程时间，5 000~10 000 行算法代码的工作量，利用这个平台大约 2 小时就能完成。这还建立在该算法工程师已经熟悉所有用到的算法模块的前提下，如果算法工程师要使用平台提供的以前不熟悉的算法模块，这个增效比还能够进一步提高——因为从读文献开始学习一个新算法所需要消耗的时间是可观的。

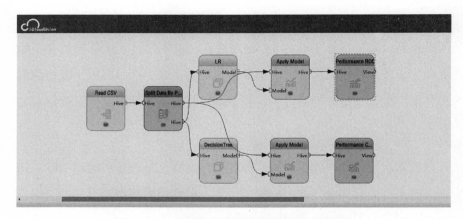

图 13-1　大数据分析与挖掘平台的示意图

　　方育柯这个产品可以部分解决本章开头部分提到的第一种阻碍："一个好的商业模式和产品设计，可能会受阻于某些关键的技术"。当然，也不是所有的企业都能够使用这个平台，因为它依然要求操作者具有基本的数据挖掘、统计分析和机器学习的能力，而这样的人对于很多创业型的公司和传统企业而言，是完全招聘不到的。所以，虽然我自己很喜欢这个产品，对于有多少企业能够从这个产品中获得真正的帮助，还在观望中——要知道，不懂算法的人玩不了这个平台，而精通算法的人可能很高傲，偏偏就是要自己一行一行写代码。另外，如果这个平台那么好用，尽管对公司整体是有价值的，但又怎么体现公司里面算法工程师的厉害程度呢？所以，算法工程师是否会买账，本身就是一个问题。当然，不管怎样，对于第一种阻碍，我们至少找到了一种看起来还可行的解决方案。实际上，在我写这部分的时候，已经有一些企业开始用这个平台并且给了方育柯很好的评价。

建设大数据创新工厂

那么，对于第二种阻碍，有什么办法解决呢？在我的想象中，我们还需要一个大数据的创新工厂，它就像一场嘉年华，里面陈设着各种最棒最新的大数据分析工具，汇聚了全球各地的大数据创新人才。为了让这个美丽的想象更加具体化，我们不妨考虑一个巨大的工厂，可以加工各种不同类型的数据。例如我们走进一个名为"图像车间"的大生产车间，我们会看到很多条生产线，有的可以给图像打水印，有的可以做色阶提取，有的可以做图像的锐度分析，有的可以提取图像中的主体，有的可以去掉图像上的雾气和水汽……还有的更加细微，例如可以返回图像中所有的车牌号码，又如可以数出图像中有多少人头……每一个功能，例如给图像打水印，可能有不止一条生产线，每一条生产线都有自己的优点和缺点，有不同的收费标准，当然，也有来自不同地方用户或和煦或辛辣的评论。

当一个厉害的算法工程师进入创新工厂后，他不再需要考虑怎么找到对自己算法感兴趣的企业，包括对付一家大企业或者一个政府部门中复杂多元的人际和利益关系[①]，而只需要说明自己算法的功能，定义清楚几种可能的数据输入格式和数据输出格式，给出使用自己算法的收费标准，就可以坐等买家了。对于一个带着数据和需求而来的企业代表而

[①] 对整个公司有帮助的产品不一定能够在公司里面推广，因为这个产品的推行有可能会损害买单的那个部门的利益，包括削弱他们的权力、裁剪他们的人力、把他们的贡献和错误显性化等等。政府很多部门不愿意完全开放数据也有这个原因——谁真正愿意自己实时的情况既被上级部门掌握，又对老百姓透明呢？

言，他可以首先看看有没有性价比很高、用户评论上佳、又和自己需求匹配的生产线，如果有，就可以把数据放上去加工了。如果没有一条现成的生产线，企业代表可以考虑如何利用几道加工工序来完成自己的需求，或者稍微变通一下需求。比如企业可能想通过高清视频摄像头监控大型集会现场，避免可能的拥挤踩踏事故，因此希望能够得到一个人群拥塞情况预警的软件。但是因为这个需求定制化程度太高了，所以在创新工厂中没有现成的产品。没关系，企业代表可以选择"计算图像中有多少人头"这个产品，这样结合视频切帧的分析 ① 和人群拥塞动力学模型 ② 就可以完成所有的需求，而后两者总体来说是比较容易的。

这样一个大数据创新工厂，就可以解决上面提到的第二种阻碍，即"拥有很强数据分析和数据挖掘能力的团队缺乏商业敏感性和产品设计能力"，因为他们有一个渠道可以像出售产品一样批量出售自己的"数据分析和数据挖掘能力"。当然，这种设想是与当前的商业现实不符合的。因为以前数据分析和数据挖掘都是按照企业合作项目来销售的，也就是说一切要围绕企业的定制化需求，规规矩矩做好乙方。而现在这种模式，需要企业自己完成一些定制化的部分。在承受这种麻烦的同时，企业对外付出的成本肯定会大幅度降低。更重要的是，企业代表过来一看，会发现有很多选择，还有用户评论，因此可以选择到更好的产品。而且有些产品的功能可能他们自己想象不到，一看发现有大用，对自己商业拓

① 指将视频切割成若干图像的一种简单的分析方法。

② 这里不是指 Helbing 等人提出的社会力模型（Social Force Model）等复杂的人群疏散动力学，而是通过人群移动的速度、方向、密度和场地环境等几个关键要素建议的基于统计分析的预警模型。

展也有帮助。

要想把这样的平台真正建设起来，我觉得还需要三个重要的组成部分。**一是大量的对于大数据分析有造诣的数据科学家和数据工程师愿意在创新工厂里面售卖自己的算法产品；二是在用户评论之外，还要有一个客观的评价机制，例如针对某些重要的生产线，要给出各个算法产品在一些标准数据集上的测试结果**[①]**，以供潜在用户参考；三是要有一些初步的生产线规划和算法模块，作为未来可以燎原的星星之火，去吸引同行追逐赶超。**对于第一个和第二个组成部分，张琳艳的 Data Castle 可以解决大部分问题；对于第三个组成部分，方育柯的 iCloudUnion 可以解决大部分问题。

整个这本书里面介绍的大数据商业创新的案例，都是已经做出来了，或者至少完成了一个靠谱的雏形。只有现在讲的这个例子，纯粹属于我自己的意淫。但是，我并不觉得这个意淫是完全不可实现的。我很小的时候有幸读过叶永烈先生的一本科幻书《小灵通漫游未来》，可以算是对我上小学前就坚定想做科学家的梦想影响第二大的书。第一大的不是一本书，而是韩启德先生主编的一套书《十万个为什么》，其中叶永烈先生也是主要的作者之一。《小灵通漫游未来》是写于半个多世纪以前

[①] 举个例子，一条生产线的功能可能是给出一个验证码图片，返回识别结果，上面有 22 个算法在竞争，收费标准从一张 0.5 分钱到 1 毛钱各不相同，承诺的算法返回时间从 10 毫秒到 500 毫秒不等。我们可以要求所有的算法在给定的标准数据集上进行测试，覆盖常见的十几类有代表性的验证码，然后给出精确性和返回时间的测试结果。这个结果是客观的，可以作为用户重要的参考，与此同时也能够促进数据科学家和数据工程师不停优化自己的方法。

的书了，要让那个时候的读者来看待书中的故事，肯定觉得完全不可思议，但是半个世纪以后来看，很多当时疯狂的想法都实现了。例如小灵通看到老爷爷下棋不戴眼镜，很吃惊，才知道有一种镜片可以嵌在眼睛里。这种"嵌在眼睛里的眼镜"，如今比比皆是——隐形眼镜。小灵通看到的手表上的微型电视、环幕的立体电影、人造的器官、家用的机器人……现在都成为了现实。所以在本书的最后，想象的成分、不确定的成分更多一些，我也很希望这些想象能够成为现实，使数据分析和数据挖掘的价值得到充分的体现，而每一个真正精通大数据统计分析和机器学习的数据客，都能非常轻松地成为商业世界的宠儿。至于这样有点完美主义的未来构图到底是我去实现，还是其他人去实现，并没有多大不同。

　　说得更直白一点，我觉得现在一个优秀的数据科学家或数据工程师距离财务自由太远了——真正富起来的，都是像我这样每天写写说说的商业油条。我希望有一天，商业的结构能够发生一些变化，让数据科学家和数据工程师距离钱近一些、再近一些、再近一些……对，请直接把钱拍在我们脸上！

成为大数据企业

什么样的企业可以称得上是大数据企业呢？恐怕没有人能够给出一个完美的答案 [1]。但是，直观地，我们可能觉得 Google 更像是一个大数据的企业，阿里巴巴也像是一个大数据的企业，而中国银行似乎不太像一个大数据的企业，尽管它每天也一样浸泡在海量的数据中。除了具有处理大量数据的能力外，之所以 Google 和阿里巴巴更像大数据的企业，是因为他们有深入的数据分析工具，利用数据分析的结果直接指导决策，而且经常推出基于数据分析的创新型应用，这还不包括类似于 AlphaGo 这样的奇葩。

这是我第三次以文字的形式谈论如何成为一个大数据企业。一是很早以

---

[1] 数联铭品曾经牵头提出过"COSR 数据服务框架"，这是界定大数据公司所拥有能力的一种有益且领先的尝试，但还远远不是一个最终的完美答案。

前在"科学网"上写的一篇博客,二是为一本名为 Code Halos 的书写的序言。这个版本可以看作是上两个版本的补充和扩充,同时也是本书一些重点内容的重述(为了保证本文的独立性,可以不依赖本书直接阅读,少量书中给出过的文献和注释在本文中重复出现了)。然而遗憾的是,并没有一条放之四海皆准的通往大数据企业的康庄大道,更没有点石成金之术可以让一个企业快速Google 化。这篇结束语只是提出一些看得见摸得着的建议,藏在这些建议背后的大数据理念,或许更加重要。

尽管我是用 Step1、Step2 这样的说法来列举成为大数据企业的措施,但是这些步骤之间并没有严格的逻辑上谁决定谁或者时间上谁先谁后的关系。举个例子来说,最好的办法当然是先有了数据标准再整理采集数据,这样可以不走任何弯路,但实际上完全没有数据,企业不会有动力做标准建设,做出来的标准也可能是纸上谈兵,完全不实用。又比如,数据管理平台的建设能够帮助更好地进行全面数据化,但实际上它多半是全面数据化战略进行了一定程度之后才开始启动建设的。总体来说,写在更前面位置的,是更基础的,但是没有绝对的依赖关系。

Step 1. 全面数据化

"数据化"浪潮是整个大数据时代的起点,它强调数据就是资产,记录一切可以记录的数据,并相信这些数据一定会在某一天产生巨大的价值。显然,**数据化是一个企业能够通过深入数据分析,实现自身优化的基础。**

我去长虹集团调研的时候,他们告诉我,长虹电器在自己的生产线上,通过大量传感器，记录生产环境的温度、湿度、粉尘度、振动强度和噪音强度，等等，通过这些量化指标与产品质量的关联分析，得到影响产品优品率和良品率的关键因素，再进一步通过控制环境因素，明显提高了产品的优品率。企业在日常的经营管理过程中，通过办公自动化系统（OA 系统），很多内部即时通讯、邮件往来、工作分配和业务文件上传下载等日志数据都被记录下来了。这些数据就是宝贵的财富！正如我在书中第三部分提到的，我们通过对这些数据的分析，能够更精确地预测员工的离职率和升职率，更精确地预测员工和部门的绩效水平，帮助企业员工通过基于关联用户和文本智能匹配快速找到对自己现有业务和客户有参考价值的案例和文件 [1][2]，等等。但是这些提升，都是建立在企业拥有相应数据的基础上。

总的来说，**全面数据化要求企业采集并存储企业生产经营中的一切数据，形成企业数据资产的概念。**

Step 2. 整理数据资源，建立数据标准，形成管理规范

很多企业已经有了一些数据储备，或者通过第一步，开始快速积累了一些数据。但是企业管理层，尤其是跨业态拥有多家子公司的集团运营的企业，一般而言，对于自己到底有哪些数据资源是没有清晰认识的，更拿不出一张较完备的数据目录。

① 高见、张琳艳、张千明、周涛，"大数据人力资源：基于雇员网络的绩效分析与升离职预测"，《社会物理学：社会治理》，北京，科学出版社，2014 年，38~56 页。
② 张琳艳、高见、洪翔、周涛，"大数据导航人力资源管理"，《大数据》，2015 年第 1 期，2015012。

企业要做的第一步，就是通过自顶向下的方式，成立数据委员会，在有必要的时候借助外部合作方的帮助，进行全面的数据调研，了解数据资源的整体情况并建立数据资源情况更新的流程和规范。

数据资源最基本的呈现方式是一个数据目录，我认为，企业管理团队至少要掌握整个企业数据的 3 级目录，而企业的主要技术团队应该掌握到 4 级目录。但数据资源又不仅仅是数据目录，因为还涉及到每一个数据项的完备性、更新程度、有效性和噪音源等描述。掌握了数据资源后，企业要根据自己业务发展的需求，建立数据标准，使现有数据和未来所有的新增数据都能够在同一个标准下统一管理，避免"信息系统建设越多，未来数据整合越难"的困境。业务中涉及大量数据的企业，尤其是涉及到用户隐私数据、国家安全数据和具有重要商业价值数据的企业，要形成数据全流程管理的规范，因为绝大部分数据隐私和数据安全的事件，都不是从外部由黑客或者敌方特定人员通过技术手段获得的，而是本单位人员蓄意或无意泄露的。数据全流程管理的规范就是要做到企业能够对数据进行分级分权限的管理，随时了解敏感数据存储在哪些服务器和终端设备上，对于敏感数据的任何处理，都能够留下数据日志并打上唯一的数据水印，使任何可能的数据泄露之后，都能够追根溯源知道是哪一位员工在什么时间点在哪一台设备上运用何种权限下载的。对于一些操作过程中出现的风险点，良好的管理规范也能够实时发现，防患于未然。

Step 3. 建设数据管理平台

有的读者一听到数据管理平台，就认为是要花一大笔钱建设数据中心，把数据存起来。数据管理平台肯定要有数据中心的存储灾备功能，但是它的作用远不止此[1]。

　　首先，数据管理平台要为企业量身定做一套数据组织和管理的解决方案，特别是企业各部门之间数据的共融共通，以及企业数据怎么样进行索引和关联。很多大企业，各部门之间数据的格式、形态和 ID 系统都不一致，部门之间无法交换数据，甚至大部分的数据表连主键和外键[2]都没有，数据之间不可能形成有效的组织。这些都是数据管理平台要做的事情。

　　其次，数据管理平台是由业务所引导的，先进的流数据智能处理系统，要为业务提供直接的支撑。很多时候，数据管理平台怎么搭建，需要深度了解企业最重要的核心业务，通过有重大价值的示范性应用来牵引数据管理平台的建设。例如针对零售类的企业，就应该形成以消费者为中心的索引和画像系统，主要支持精准广告、智能客服等核心业务，其次才是以商品为中心的索引系统，主要支持物流和仓储优化等业务。

　　最后，数据管理平台的建设要量体裁衣，强调鲁棒性和可扩展性，没有必要一开始就投入大量经费。因为硬件成本的下降也很快，不用想太多半年甚至一年以后的事情，只要架构设计合理，到需要的时候扩充硬件是容易的。

Step 4. 建立海量数据的深入分析能力

　　要想建立针对多元异构、跨域关联的海量数据，通过深度分析挖掘获取价

---

[1] 对于数据管理平台（Data Management Platform）的技术和架构有兴趣的读者，可以参考成都数之联的大数据平台和北京百分点的大数据操作系统介绍，或咨询相关人员。

[2] 主键是主关键字的缩写，指表中的一个或多个字段，它的值用于唯一地标识表中的某一条记录，而外键是用于关联其他表格主键的共同关键字。

值的能力，主要要培养两个方面的能力。

第一，**非结构化数据的分析处理能力**。包括文本、音频、图像、视频、网络和轨迹等数据。受过传统商务智能和统计学训练的人，对于处理结构化数据非常在行，但是处理非结构化数据往往比较头痛——比如分布好做抽样，网络怎么进行抽样 [1]？所以，对于常见的，特别是和企业自身业务有密切关系的非结构化数据，一定要有一支队伍能够挖掘其间价值，甚至将其转化为结构化的数据。

第二，**大数据下的机器学习的能力**。绝大部分我们可以想象到的应用问题，其本质都是分类或者预测问题 [2]，包括个性化推荐、精分营销、员工绩效管理、银行信用卡征信、小微企业贷款、生产线控制、精准广告和网点选择，等等。**解决这些问题最有力的武器就是机器学习！特别是在大数据环境下，很多高阶的核函数慢得不行，大量的学习都必须采用线性学习器 [3]；而且数据非常多，很多时候都是在强噪音环境下寻找弱信号，单一分类器往往效果一般，必须要做集成学习。** 举个例子，在 Netflix 举办的百万美元电影个性化推荐大赛中，我们做过一些很优美的单模型 [4]，但是比起在比赛中最后获胜的集成学习模型 [5]，至少从精度上来说是弱爆了！有的读者要问了，高性能存储计算难道不重要吗？不

---

[1] M. P. H. Stumpf, C. Wiuf, R. M. May, Subnets of scale-free networks are not scale-free: sampling properties of networks, PNAS 102 (2005) 4221-4224。

[2] 聚类结果可以看成是为进一步预测提供了一个特征，而模式识别在商业应用中更多是一种工具。甚至说分类和预测都多了，实际上最关键的是预测。

[3] R. E. Fan, K. W. Chang, C. J. Hsieh, X. R. Wang, C. J. Lin, LIBLINEAR: A library for large linear classification, *J. Machine Learning Res. 9* (2008) 1871-1874。

[4] T. Zhou, Z. Kuscsik, J.-G. Liu, M. Medo, J. R. Wakeling, Y.-C. Zhang, Solving the apparent diversity-accuracy dilemma of recommender systems, PNAS 107 (2010) 4511-4515。

[5] R. M. Bell, Y. Koren, C. Volinsky, All together now: A perspective on the Netflix prize, Chance 23(1) (2010) 24-29。

得有一些懂 Hadoop，懂 Spark 的技术高手吗？要不要在 CPU 阵列里面加几块 GPU 甚至可编程逻辑阵列呢？这个也重要，但是企业如果实力足够，可以采用成熟的解决方案，国际上顶尖的大数据服务商，例如 IBM、HP 和 Intel 都有不错的方案。但是我说的上述两点，是给企业培养人才和能力，而且至今也没有特别好的成熟的解决方案，所以更重要。

最后，企业怎么建立这样的能力呢？**首要办法是能够招聘到一流的大数据人才——多花点钱和股票。第二选择是以显示度项目为牵引，通过外部合作，培养自己的数据分析团队，既解决问题，又学习能力。**企业做这类的合作，不要老想着一次性把所有东西都外包出去，要探索新方式，看看能不能成立联合小组共同进行研发，多投入一些人去学习。有一些供应商，特别是在某些方面有专长，但是还不属于国际一流的供应商，在发展过程中是能够接受企业这种要求的。

Step 5. 建设外部数据的战略储备

企业走到这一步，就有点现代大数据企业的理念了，因为它不再仅仅局限于自己业务的数据了，开始看外面的世界了——**很多大数据的重大创新，都是来源于把数据放在产生数据的业务体系之外去应用** [1][2]。举个例子，一个服装企业要解决设计生产的规划问题，仅仅看自己的销售记录还不够，要不要看看淘宝、天猫和京东上服装的整体销售，了解什么款式、什么颜色、什么价位的服装在哪个地区最受欢迎呢？这就需要外部数据了！

---

[1] 苏萌、周涛，"大数据商业革命"，《哈佛商业评论》，达沃斯专刊，2012 年。
[2] 周涛，"大数据：商业革命与科学革命"，《半月谈》，2013 年 7 月。

事实上，外部数据对于市场拓展、趋势分析、竞品分析、人才招聘、用户画像和产品推荐等意义重大，而网站、论坛、社交媒体和电商平台上聚集了很多有重要价值的公开数据，这些数据中的大部分可以通过分布式深网爬虫技术直接高效采集。所以，**企业要有意识地开始建立自己的外部数据战略储备，不要"数"到用时方恨少。一方面，企业可以自建具备采集、清洗、存储和索引等功能的自动化系统，自动积累外部数据；另一方面，企业可以通过和数据供应商合作，得到一些亟需的数据。**

Step 6. 建立数据的外部创新能力

企业很容易局限在自己的业务中不能自拔。所以，让企业理解外面的数据能够帮助解决自己业务遇到的问题比较容易，因为企业主和员工们每天都在想怎么解决这些问题，反过来，让他们去思考自己业务的数据能不能在其他地方产生重大价值，帮到其他企业，他们就没有那么敏感了。其实，这些创新性的想法往往能够带来新的巨大价值。比如，Google 利用自身搜索业务产生的数据，进行电价和传染病流行情况的预测[①]，取得了巨大成功。

事实上，企业通过智能终端、传感网络、物流记录、网点记录和电子商务平台，等等，获得的第一手数据，很多都可以用于支持在跨领域交叉销售、环境保护、健康管理、智慧城市、精准广告和房地价预测等方面的创新型应用。把握住这些机会，就能够放大企业当前业务的价值，带来持久可观的收益。

---

① J. Ginsberg, M. H. Mohebbi, R. S. Patel, L. Brammer, M. S. Smolinski, L. Brilliant, Detecting influenza epidemics using search engine query data, *Nature* 457 (2009) 1012-1014.

Step 7. 推动自身数据的开放与共享

伟大的企业懂得如何把最聪明的人集合起来，为自己服务。

企业有了大量数据和一定的分析能力后，不能故步自封，而要充分借助社会的力量，尽最大可能发挥数据潜藏的价值。Netflix 曾经公开了包含 50 多万用户和 17 770 部电影的在线评分数据，并悬赏 100 万美元奖励能够将 Netflix 现有评分预测准确度提高 10% 的团队 [①]。现在的 Netflix 已经不再是一家电影在线租赁公司，而是国际一流的大数据企业了。除了法律上因为安全和隐私不能开放共享的数据，相当一部分都能够以各种方式开放出来——**这种开放会带来更大价值**！国际化的如 Kaggle（英文平台，www.kaggle.com），国内如 DataCastle（中文平台，www.pkbigdata.com），都是很有影响力的大数据创新竞赛平台。举个例子，电子科技大学大数据研究中心曾经在 DataCastle 上举办过学生成绩预测的比赛，总奖金才 50 000 元，却吸引了 915 支队伍 2 000 余名参赛者参加比赛，其中 200 多只队伍来自于"985"和"211"知名高校。这里面最佳解决方案的思路和方法已经被应用于教育大数据定量化管理的产品模块中了。最近现金巴士推出的"微额借贷用户人品预测大赛"更是吸引了 1531 支参赛队伍。还有一种最近新出的比赛方式，就是企业给出数据集的描述和样本数据，参赛选手设计创新型商业应用，提交产品说明或者商业计划书。

企业通过这些数据开放计划，可以学习最先进的算法和最具创新性的数据应用思路，实现自身数据的价值最大化。

---

① J. Bennett, S. Lanning. The Netflix Prize, Proceedings of KDD cupand workshop, ACM Press, p. 35, 2007。

Step 8. 数据产业的战略投资布局

企业有了一定的规模，光靠自己的能力还不够或者还太慢，就可以考虑**通过投资的方式迅速形成自己的大数据能力甚至大数据产业布局**。这类战略型的投资，有三个可能的出发点：

（1）**产业集成**。从投资方原有优势产业或大数据前景广阔的重点产业入手，进行全产业链布局，集中力量。

（2）**技术集成**。以数据采集、存储、计算、分析和可视化的创新型工具为主要投资对象，提供具有普适性的解决方案。

（3）**数据集成**。以数据流动共享，发挥外部价值为理念，投资一批能够紧密合作、数据互补和可控性强的企业。

对于原来没有从事过数据密集型和信息技术密集型行业的企业来说，第二类投资方向的风险特别大，建议主要从（1）（3）两类考虑。这种投资有别于财物投资，主要是考量被投资企业与投资方的整合能力，以及所能提供的数据的稀缺性、独立性、多源性、流动性和互补性。

最后，补上这样一个结束语的目的，**是希望读者能够从中领悟到企业的大数据之道！**如果说有那么几家企业，受到这本书的启发，在商业模式、产品和业务方面产生了可观的价值，这就是作者最大的成功了。

致 谢

中国有个词叫"日久生情"。本来是好端端一个词，现在似乎不色情的用法已经被团灭了。且不要说与一个人相处久了，一个单位待久了，会产生别样的亲切甚至深厚的感情，就算是和猫猫狗狗在一起久了，也难以割舍。如果你有毅力，在草原上一泡新鲜的牛粪旁边扎下帐篷，一周、一月、一年看着它从湿漉漉冒着热气的大臭屎坨子一天天、一周周干瘪、瘦弱、衰老，然后它的脸上会爬满青草，直到完全风干缩小……如果这个时候一个清洁人员要把它连根铲走，我相信你也会不由自主地想要去保护它。如果有一天你离开了它，或许也会怀念那一段停驻在牛粪旁的时光。或许这是因为我们的一生不过百年，所以一年、两年、五年、十年的"久"，也就是人生了！

这本书写了很长时间。可能大家都不敢相信，翻译完那本《大数据时代》后，因为湛庐文化的董寰姐姐跟我说2014年大数据的书还能火，我2013年就开始准备材料和撰写内容。但是我一直觉得还没有足够充分的准备来写一本书，所以动作慢到让人发指。也是因为动作慢，两三年了，还没有长大的它一直陪着我，有一种十月怀胎甚至养女闺中的感觉。这也算是一种"日久生情"吧。

今天，她要嫁出去了，我再也不能做哪怕一个标点的修改，也不能加上哪怕一个新的脚注，真真正正感觉是一盆泼出去的水了。以前在我的电脑里面，它只是我的专宠，我喂养它、抚摸它、赋予它灵魂；我禁锢它、篡改它、夺走它的灵魂！很快，它就会有自己的独立的生命了，它必须要独自面对读者们的期许、赞扬、批判甚至不屑了。在外面的疾风骤雨和它的娇小惜弱之间，我只能做一个看客，再也帮不上任何忙了！

要感谢的人太多了：编辑、老师、学生、合伙人、前辈……就不一一说了。我觉得最应该感谢的，是从 2013 年春到 2016 年春，陪了我三年的书稿和那三年的周涛。他们连同他们曾引起的悸动和澎湃，已经永远地死去了——没有什么能取代，也没有什么能重现！但是，今天读者手头捧着的这本书，以及竟然还活着的周涛，还继承着他们身上一些不变的永恒，并将继续在数据的丛林中舔舐刀口上的梦想。

湛庐，与思想有关······

如何阅读商业图书

商业图书与其他类型的图书，由于阅读目的和方式的不同，因此有其特定的阅读原则和阅读方法，先从一本书开始尝试，再熟练应用。

阅读原则1 二八原则

对商业图书来说，80%的精华价值可能仅占20%的页码。要根据自己的阅读能力，进行阅读时间的分配。

阅读原则2 集中优势精力原则

在一个特定的时间段内，集中突破20%的精华内容。也可以在一个时间段内，集中攻克一个主题的阅读。

阅读原则3 递进原则

高效率的阅读并不一定要按照页码顺序展开，可以挑选自己感兴趣的部分阅读，再从兴趣点扩展到其他部分。阅读商业图书切忌贪多，从一个小主题开始，先培养自己的阅读能力，了解文字风格、观点阐述以及案例描述的方法，目的在于对方法的掌握，这才是最重要的。

阅读原则4 好为人师原则

在朋友圈中主导、控制话题，引导话题向自己设计的方向去发展，可以让读书收获更加扎实、实用、有效。

阅读方法与阅读习惯的养成

（1）回想。阅读商业图书常常不会一口气读完，第二次拿起书时，至少用15分钟回想上次阅读的内容，不要翻看，实在想不起来再翻看。严格训练自己，一定要回想，坚持50次，会逐渐养成习惯。

（2）做笔记。不要试图让笔记具有很强的逻辑性和系统性，不需要有深刻的见解和思想，只要是文字，就是对大脑的锻炼。在空白处多写多画，随笔、符号、涂色、书签、便签、折页，甚至拆书都可以。

（3）读后感和PPT。坚持写读后感可以大幅度提高阅读能力，做PPT可以提高逻辑分析能力。从写读后感开始，写上5篇以后，再尝试做PPT。连续做上5个PPT，再重复写三次读后感。如此坚持，阅读能力将会大幅度提高。

（4）思想的超越。要养成上述阅读习惯，通常需要6个月的严格训练，至少完成4本书的阅读。你会慢慢发现，自己的思想开始跳脱出来，开始有了超越作者的感觉。比拟作者、超越作者、试图凌驾于作者之上思考问题，是阅读能力提高的必然结果。

好的方法其实很简单，难就难在执行。需要毅力、执著、长期的坚持，从而养成习惯。用心学习，就会得到心的改变、思想的改变。阅读，与思想有关。

[特别感谢：营销及销售行为专家 孙路弘 智慧支持！]

ᒓ 我们出版的所有图书，封底和前勒口都有"湛庐文化"的标志

并归于两个品牌

ᒓ 找"小红帽"

为了便于读者在浩如烟海的书架陈列中清楚地找到湛庐，我们在每本图书的封面左上角，以及书脊上部47mm处，以红色作为标记——称之为**"小红帽"**。同时，封面左上角标记**"湛庐文化Slogan"**，书脊上标记**"湛庐文化Logo"**，且下方标注图书所属品牌。

湛庐文化主力打造两个品牌：**财富汇**，致力于为商界人士提供国内外优秀的经济管理类图书；**心视界**，旨在通过心理学大师、心灵导师的专业指导为读者提供改善生活和心境的通路。

ᒓ 阅读的最大成本

读者在选购图书的时候，往往把成本支出的焦点放在书价上，其实不然。

时间才是读者付出的最大阅读成本。

阅读的时间成本=选择花费的时间+阅读花费的时间+误读浪费的时间

湛庐希望成为一个"与思想有关"的组织，成为中国与世界思想交汇的聚集地。通过我们的工作和努力，潜移默化地改变中国人、商业组织的思维方式，与世界先进的理念接轨，帮助国内的企业和经理人，融入世界，这是我们的使命和价值。

我们知道，这项工作就像跑马拉松，是极其漫长和艰苦的。但是我们有决心和毅力去不断推动，在朝着我们目标前进的道路上，所有人都是同行者和推动者。希望更多的专家、学者、读者一起来加入我们的队伍，在当下改变未来。

湛庐文化获奖书目

《大数据时代》
国家图书馆"第九届文津奖"十本获奖图书之一
CCTV"2013中国好书"25本获奖图书之一
《光明日报》2013年度《光明书榜》入选图书
《第一财经日报》2013年第一财经金融价值榜"推荐财经图书奖"
2013年度和讯华文财经图书大奖
2013亚马逊年度图书排行榜经济管理类图书榜首
《中国企业家》年度好书经管类TOP10
《创业家》"5年来最值得创业者读的10本书"
《商学院》"2013经理人阅读趣味年报·科技和社会发展趋势类最受关注图书"
《中国新闻出版报》2013年度好书20本之一
2013百道网·中国好书榜·财经类TOP100榜首
2013蓝狮子·腾讯文学十大最佳商业图书和最受欢迎的数字阅读出版物
2013京东经管图书年度畅销榜上榜图书，综合排名第一，经济类榜首

《牛奶可乐经济学》
国家图书馆"第四届文津奖"十本获奖图书之一
搜狐、《第一财经日报》2008年十本最佳商业图书

《影响力》（经典版）
《商学院》"2013经理人阅读趣味年报·心理学和行为科学类最受关注图书"
2013亚马逊年度图书分类榜心理励志图书第八名
《财富》鼎力推荐的75本商业必读书之一

《人人时代》（原名《未来是湿的》）
CCTV《子午书简》·《中国图书商报》2009年度最值得一读的30本好书之"年度最佳财经图书"
《第一财经周刊》·蓝狮子读书会·新浪网2009年度十佳商业图书TOP5

《认知盈余》
《商学院》"2013经理人阅读趣味年报·科技和社会发展趋势类最受关注图书"
2011年度和讯华文财经图书大奖

《大而不倒》
《金融时报》·高盛2010年度最佳商业图书入选作品
美国《外交政策》杂志评选的全球思想家正在阅读的20本书之一
蓝狮子·新浪2010年度十大最佳商业图书，《智囊悦读》2010年度十大最具价值经管图书

《第一大亨》
普利策传记奖，美国国家图书奖
2013中国好书榜·财经类TOP100

《真实的幸福》
《第一财经周刊》2014年度商业图书TOP10
《职场》2010年度最具阅读价值的10本职场书籍

《星际穿越》
2015年全国优秀科普作品三等奖

《翻转课堂的可汗学院》
《中国教师报》2014年度"影响教师的100本书"TOP10
《第一财经周刊》2014年度商业图书TOP10

湛庐文化获奖书目

《爱哭鬼小隼》
国家图书馆"第九届文津奖"十本获奖图书之一
《新京报》2013年度童书
《中国教育报》2013年度教师推荐的10大童书
新阅读研究所"2013年度最佳童书"

《群体性孤独》
国家图书馆"第十届文津奖"十本获奖图书之一
2014"腾讯网·啖书局"TMT十大最佳图书

《用心教养》
国家新闻出版广电总局2014年度"大众喜爱的50种图书"生活与科普类TOP6

《正能量》
《新智囊》2012年经管类十大图书，京东2012好书榜年度新书

《正义之心》
《第一财经周刊》2014年度商业图书TOP10

《神话的力量》
《心理月刊》2011年度最佳图书奖

《当音乐停止之后》
《中欧商业评论》2014年度经管好书榜·经济金融类

《富足》
《哈佛商业评论》2015年最值得读的八本好书
2014"腾讯网·啖书局"TMT十大最佳图书

《稀缺》
《第一财经周刊》2014年度商业图书TOP10
《中欧商业评论》2014年度经管好书榜·企业管理类

《大爆炸式创新》
《中欧商业评论》2014年度经管好书榜·企业管理类

《技术的本质》
2014"腾讯网·啖书局"TMT十大最佳图书

《社交网络改变世界》
新华网、中国出版传媒2013年度中国影响力图书

《孵化Twitter》
2013年11月亚马逊（美国）月度最佳图书
《第一财经周刊》2014年度商业图书TOP10

《谁是谷歌想要的人才？》
《出版商务周报》2013年度风云图书·励志类上榜书籍

《卡普新生儿安抚法》（最快乐的宝宝1·0~1岁）
2013新浪"养育有道"年度论坛养育类图书推荐奖

延伸阅读

《大数据时代》

◎ "大数据时代的预言家"维克托·迈尔-舍恩伯格力作。

◎ 迄今为止全世界最好的一部大数据专著；国外大数据系统研究的先河之作，一场生活、工作与思维的大变革。

扫码直达本书购买链接

《决战大数据（升级版）》

◎ 大数据实践的先行者、阿里巴巴集团前副总裁车品觉倾力新增 8 万字纯干货，倾情解读企业在大数据时代顽强生存的答案！

◎ 一部全方位展现智能时代数据思维构建之道的实战巨作，只有稳抓趋势中的观战重点，才能在海量数据中挖掘商机！

扫码直达本书购买链接

《数据新常态》

◎ 2014 年 getAbstract 国际图书奖获得者、商业数据系统与业务模式的设计者和创新者克里斯托弗·苏达克经验总结之作。

◎ 一幅大数据时代企业创新业务模式的路线图。

扫码直达本书购买链接

《决胜移动终端》

◎ 美国知名智库移动未来研究院 CEO 查克·马丁最新力作。

◎ 第一本真正阐释 O2O 概念的移动互联必读之作，是传统企业拥抱移动互联网的经验大典！

扫码直达本书购买链接

《大数据云图》

◎ "大数据商业应用的引路人"大卫·芬雷布倾心之作！

◎ 亚马逊、谷歌、IBM、Facebook、LinkedIn…… 超过 100 家大数据公司的商业法则深度解密。

扫码直达本书购买链接

图书在版编目（CIP）数据

为数据而生：大数据创新实践 /周涛著. —北京：北京联合出版公司，
2016.5

ISBN 978-7-5502-7583-6

Ⅰ.①为… Ⅱ.①周… Ⅲ.①数据处理 Ⅳ.①TP274

中国版本图书馆CIP数据核字（2016）第073014号

上架指导：经济趋势 / 大数据

本书法律顾问　北京市盈科律师事务所　崔爽律师
　　　　　　　　　　　　　　　　　　张雅琴律师

为数据而生：大数据创新实践

作　　者：周　涛

选题策划：绿荫文化

责任编辑：徐　樟　徐秀琴

封面设计：红杉林文化

版式设计：绿荫文化　李晓红

北京联合出版公司出版

（北京市西城区德外大街 83 号楼 9 层　100088）

北京鹏润伟业印刷有限公司印刷　新华书店经销

字数 163 千字　720 毫米 ×965 毫米　1/16　14.5 印张　1 插页

2016 年 5 月第 1 版　2016 年 5 月第 2 次印刷

ISBN 978-7-5502-7583-6

定价：52.90 元